先进焊接技术系列

第2版

焊接结构抗疲劳设计
理论与方法

"将一个猜测的游戏变成了可以明确证明的科学"

——美国《时代》杂志这样评价董平沙教授

兆文忠　李向伟　董平沙　谢素明　陈秉智　王悦东　聂春戈　著

机械工业出版社
CHINA MACHINE PRESS

本书介绍了焊接结构疲劳评估的一种新方法——结构应力法，其中包括网格不敏感的力学属性以及识别焊缝上应力集中的特殊功能；推导了可评估焊缝疲劳寿命的主 S-N 曲线公式；讨论了焊后残余应力的位移控制属性；给出了结构应力法在焊接结构抗疲劳设计中的应用技术，包括焊接接头应力因子计算技术、识别与缓解应力集中以获得焊接接头最好疲劳行为的实用技术、虚拟疲劳试验技术、模态与频域的结构应力技术，以及含初始裂纹的寿命预测技术、多轴与低周疲劳的寿命预测技术等。

本书可供从事焊接结构抗疲劳设计的人员阅读，也可作为相关的研究生教学与科研参考书。

图书在版编目（CIP）数据

焊接结构抗疲劳设计：理论与方法/兆文忠等著. —2 版. —北京：机械工业出版社，2021. 6

（先进焊接技术系列）

ISBN 978-7-111-67968-4

Ⅰ.①焊⋯　Ⅱ.①兆⋯　Ⅲ.①焊接结构−疲劳强度−设计　Ⅳ.①TG405

中国版本图书馆 CIP 数据核字（2021）第 061597 号

机械工业出版社（北京市百万庄大街 22 号　邮政编码 100037）
策划编辑：吕德齐　责任编辑：吕德齐
责任校对：郑　婕　封面设计：鞠　杨
责任印制：李　昂
北京瑞禾彩色印刷有限公司印刷
2021 年 6 月第 2 版第 1 次印刷
169mm×239mm · 13. 75 印张 · 2 插页 · 281 千字
0001—2500 册
标准书号：ISBN 978-7-111-67968-4
定价：98. 00 元

电话服务　　　　　　　　网络服务

客服电话：010-88361066　机　工　官　网：www.cmpbook.com
　　　　　010-88379833　机　工　官　博：weibo.com/cmp1952
　　　　　010-68326294　金　书　网：www.golden-book.com
封底无防伪标均为盗版　机工教育服务网：www.cmpedu.com

第2版前言

本书自 2017 年 6 月由机械工业出版社出版以来，得到了读者的充分肯定，借此机会，对广大读者及出版社的同志表示感谢。

时间过得真快，该书问世转眼四年了。这期间，一些读者阅读后希望我们再增加一些内容，以帮助他们更全面、更深刻地理解焊接结构抗疲劳设计的理论与方法中的一些精髓，鉴于此，在出版社的鼓励下，本书原三位作者决定邀请我团队中的四个骨干，一起对书中的一些内容进行必要的补充与更新。

补充与更新的原则是：第 1 版的撰写框架不做任何改动，只是在基础理论方向上进行了深化，在实际应用方向上进行了拓宽。

1）将 Paris 裂纹扩展公式与寿命积分的内容整理为独立的一章，这是因为在董平沙教授的结构应力法问世之前，许多研究人员一直试图将断裂力学理论直接用于计算焊缝的疲劳寿命，在他们看来，这是顺理成章的一件事，然而事情并不顺利。由于这是一个非常基础性的问题，因此从理论上对这个问题给出更详细的讨论是必要的。

2）新增的另外一章是关于焊接残余应力的特殊性的内容。虽然在第 1 版中，我们已经讨论过这方面的问题，但是在这个问题上，目前仍然有较多的困惑，例如，有人认为：如果焊后残余应力高达材料的屈服强度，那么它怎么还有能力再承受外加的载荷而继续工作呢？为了澄清这类认识误区，从理论上对焊接结构残余应力的特殊性再次进行深入讨论也是必要的。

3）对其他一些章节的内容也进行了有针对性的更新，其目的是将我们在相关研究中获得的体验与大家分享，其中包括获得焊接接头最好疲劳行为的"三阶段递进执行法"及若干案例。

4）在第 1 版介绍有限元方法的基础上，增加了一些关于应力计算奇异性的讨论，其目的是帮助读者更好地理解结构应力法的网格不敏感的学术与工程价值。

荀子说："善学者尽其理，善行者究其难。"这句话，是我与我的团队于 2019 年 8 月在机械工业出版社出版的另外一本书《工程结构性能的数值分析与实例》中送给读者的一句赠言，现在我也将这个赠言送给致力于焊接结构抗疲劳设计的各位同仁，衷心希望各位在我国由"制造大国"走向"制造强国"的进程中，"究其难""尽其理"。

　　最后要指出，书中关于焊接结构残余应力特殊性的讨论内容，是董平沙教授亲自敲定的，而其余内容的添加，则是在董平沙教授的悉心指导下，由我和其他作者共同完成的。

兆文忠

第1版前言

2005 年某铁路客车转向架焊接构架上一条焊缝疲劳开裂的事故，就险些瘫痪了那年的中国铁路春运，这件事使我切身体会到："疲劳隐患就藏在焊接接头的细节之中。"

在很长的一段时期里，焊接结构疲劳强度的理论问题一直很难解决，著名的英国焊接研究所 T. R. Gurney 博士在他 1979 年出版的《焊接结构的疲劳》（*Fatigue of Welded Structures*）专著中也曾这样说过："实际结构和工程构件的疲劳强度是不能用理论的方法求出来的。"多年后在一次国际会议上，当董平沙教授第一次提出具有网格不敏感特征的结构应力法，并展示了其应用效果时，参会的焊接结构疲劳领域的权威专家最初反应竟然是："这方法好得不真实，甚至反科学！"（It's too good to be true and against science！）

然而，世界上一切客观事物的演变都受自身的内在规律所支配，而每个规律的被揭示，都是人们认知客观事物的一次进步，人们认知的局限性终将被超越，这是科学进步的历史必然。对焊接结构疲劳强度理论的认知，也有这样一个过程。

董平沙教授"十年磨一剑"，基于焊接结构的疲劳失效机理，终于从理论上破解了这个工程界难题，发明了基于结构应力评估焊接结构疲劳寿命的理论与方法。2005 年，美国时代杂志在评价他的这一发明时，称其"将一个猜测的游戏变成了可以明确证明的科学"。在 2007 年更新后的美国 ASME 标准第 5 章中，基于焊接结构疲劳失效机理而提出的计算模型，使得原本对一个很复杂问题的描述，竟然变得就像牛顿定律那样简洁。2015 年，在芬兰赫尔辛基国际焊接学会（IIW）第一次设立终身成就奖时，全球仅有五人获此殊荣，而董平沙教授是其中之一，真乃实至名归！

复杂与简单的辩证法就是如此，一个看似相当复杂的问题，看透了实质之后，道理真的很简单。

回想起 2008 年，我带着对传统方法的许多困惑通过电子邮件结识了董平沙教授，十几封往来邮件终于促成了 2009 年 6 月董平沙教授从美国来到大连交通大学的第一次学术演讲。他不顾时差导致的旅途疲劳，连续五个整天由浅入深的演讲内容令参会者耳目一新，其精彩之处更令我拍案叫绝，也难怪有人会后竟然十分感慨地对我说："直到今天，才发现原来的前进方向错了。"

　　而从那一年起，董平沙教授就不断地为我和我们的团队带来更新的研究成果与学术思想。这正是："好雨知时节，当春乃发生。随风潜入夜，润物细无声。"随后几年里，我跟随他数次深入国内多家轨道车辆制造工厂考察，在他一次次的答疑解惑中，我渐渐地悟出：焊接结构的疲劳问题本质上应该是一类力学问题。董平沙教授得知我的这一感悟后又添加了三个字：应该是"复杂的"力学问题，这三个字，更是入木三分！

　　既然是一个力学问题，我就有了点信心，同时也是一种责任感的驱使，我与我的优秀门生李向伟博士（也是董平沙教授的博士后），一起邀请董平沙教授参加本书的撰写，董平沙教授不仅欣然同意，而且还应允贡献出他最新的研究成果。于是在董平沙教授的大力支持下，历时两年，经反复推敲与修改，终于成稿。

　　构思本书的思路是：以基础知识为铺垫，先进入名义应力领域；然后以焊接结构疲劳问题的特殊属性为导引，迈进结构应力领域。在这个领域内，考虑到结构应力法的重要性，交代了结构应力是如何基于力的平衡理念从非线性应力中被分解出来的，以及结构应力网格不敏感与物理存在的证明。接着以断裂力学理论为工具，详细地介绍了基于焊接结构疲劳失效机理而建立的主 S-N 曲线公式的积分演变过程，以及执行该公式的标准步骤。然后考虑到设计阶段的需求，有针对性地推出了几项实用技术，其中包括焊接接头应力因子计算技术、识别与缓解应力集中的刚度协调技术、设计阶段可用的虚拟疲劳试验技术，以及模态与频域的结构应力技术。第 10 章介绍的含初始裂纹的寿命预测技术、低周疲劳、多轴疲劳以及内涵更深邃的结构应变法，是董平沙教授的最新研究成果，最后结合实际案例证明了结构应力法在工程应用中的有效性。

　　当前，除美国 ASME BPVC Ⅷ-2-2015 标准以外，结构应力法正在被世界上越来越多的国家作为标准来执行，虽然本书的案例大多来自于中国轨道交通装备制造企业，但是本书的核心内容"结构应力法"在焊接结构抗疲劳设计领域是具有理论共性的。结构应力法在国外的应用不局限于轨道交通制造行业，例如法国在2013 年就基于结构应力法为其船舶与海洋的焊接结构设计颁布了设计指导：《网格不敏感方法应用指南》（*Guide for Application of The Mesh-Insensitive Methodology*）。

　　在国内，以轨道交通装备企业为例，随着高速动车组的"引进、消化、吸收、再创新"，企业的一些决策部门投入了大量的资金购置了疲劳试验设备，建设了一批大型疲劳试验台，在硬件条件上，他们的工作已经与世界接轨，可是在理论接轨这个问题上，他们是否也给予了足够的重视呢？

　　我国已经规划了《中国制造 2025》，制造大国要转变为制造强国，这就要求我们一定要在内涵更新上下功夫，而在焊接结构抗疲劳设计的内涵更新上，位于上游的理论更新至少与位于下游的试验手段的硬件更新同等重要，只有充分认识到这一点，才能做到真正与世界接轨。

　　本书共 11 章，其中第 3 章、第 5 章、第 6 章、第 10 章由董平沙教授编写，其余各章由兆文忠、李向伟编写。在编写过程中，大连交通大学的谢素明教授、方吉博士对本书均有贡献。我的另外一名博士——清华大学的崔晓芳博士后参加了本书的审阅，也提出了许多修改建议，在这里一并表示感谢。

最后，还有一点需要特别声明，因认知水平有限，书中内容难免有所疏漏，请读者予以批评指正。

兆文忠

主要符号表

ε_m：膜应变。

ε_b：弯曲应变。

ε_S：结构应变。

σ_b：弯曲应力，结构应力的第二个分量。

σ_m：膜应力，结构应力的第一个分量。

σ_n：名义应力，能用材料力学公式计算出来的应力，一般是截面上整体应力度量。

$\Delta\sigma_e$：多轴应力变化范围。

$\Delta\sigma_{e0}$：多轴结构应力变化范围。

$\Delta\sigma_n$：名义应力变化范围，在名义应力的一个循环内最大值与最小值的差。

$\Delta\sigma_{ref}$：参考应力变化范围。

σ_S：结构应力，外载荷在焊缝的焊趾或焊根处引起的应力集中。

σ_S^i：节点的模态结构应力，用模态节点力计算得到的一种载荷响应。

$\bar{\sigma}$：统计得到的 S-N 曲线标准差。

a：裂纹深度。

a_c：临界裂纹深度。

a_i：初始裂纹深度。

a_i/t：主 S-N 曲线公式计算疲劳寿命的积分下限。

c：低周疲劳的弹性芯。

ΔE_S：等效结构应变变化范围。

$H_\sigma(w_i)$：频域结构应力的复频响应函数。

K：应力强度因子，裂纹尖端应力场强度的度量。

ΔK：应力强度因子变化范围，一个应力循环内最大应力强度因子与最小值的差。

ΔS_S：等效结构应力变化范围，理论推导得到的主 S-N 曲线公式中应力集中程度、板的厚度、载荷模式这三个参量的综合。

ΔS_{eq}：基于疲劳损伤等效原则计算的等效结构应力变化范围。

ΔS_{ref}：参考等效结构应力变化范围。

m：双对数坐标系下 $S\text{-}N$ 曲线的反向斜率。

N：疲劳寿命，用 $S\text{-}N$ 曲线计算的疲劳次数或者事先指定的疲劳次数。

r：弯曲比，计算等效结构应力关于载荷模式的无量纲变量。

$I(r)$：弯曲比的函数，计算等效结构应力的一个数值积分参量。

R：应力比或循环特性。

R_{eL}：下屈服强度。

$\bar{R}$：曲率半径。

R_{S}：应力因子，是计算的疲劳应力变化范围与允许的疲劳应力变化范围的比。

t：焊趾所在板的厚度。

目　录

Chapter 1

第 1 章

引 论

1.1 焊接结构抗疲劳设计过程中的认识误区

从结构制造特点的角度看，焊接结构具有连接性好、重量轻、易于加工、便于采用自动化生产等优点，在长期承受静态或动态载荷的复杂装备领域得到了广泛应用，特别是焊接工艺技术的不断推陈出新，更是显著地提升了焊接结构在这些产品中的应用地位。但是焊接结构还有不足的一面，即：承受动载荷的焊接接头，由于其几何不连续性而导致应力集中，因而使焊接结构成了产品结构可靠性的薄弱环节之一[1]。

面对焊接结构疲劳失效的问题，多少年来包括轨道车辆在内的各个制造行业一直在努力攻关，并且取得了一定进展，确保了焊接结构的服役安全，但目前依然存在一些认识上的误区，如果我们能从这些认识误区中尽快地走出来，效果将可能会更加显著。

误区一：将金属材料抗疲劳强度设计的理论与方法不加区分地用于焊接结构

该认识误区是理论层面的。在过去的一些标准中，规定主要零部件或构件的疲劳强度评估方法时，并不区分被评估的对象是否为焊接结构。在本书后面也将提到，焊接结构抗疲劳设计的理论与方法和金属材料抗疲劳强度设计的理论与方法不同，其原因是它们疲劳破坏的机理是有区别的，因此二者不可互相替代。在定义疲劳寿命时，有的标准认为疲劳寿命是"构件疲劳裂纹萌生寿命与裂纹扩展寿命之和"，然而在焊接结构的疲劳开裂过程中裂纹萌生对疲劳寿命的影响是可以忽略的。

在使用名义应力法时，许多标准写明要以材料的 S-N 曲线为基础，然而焊接结构的疲劳试验数据已经证明：母材的 S-N 曲线数据不能替代焊接接头的 S-N 曲线数据，其原因也是它们具有不同的力学破坏机理。

在评估疲劳寿命时，有的标准使用的是考虑应力比 R 的"修正的 Goodman

图"，即认为疲劳强度随不同的 R 值变化。事实上，英国焊接研究所的疲劳试验数据早已证明，修正 Goodman 图用来处理焊接结构的疲劳问题是不恰当的，理由是由于残余应力的存在，平均应力对焊接接头疲劳寿命的影响基本看不到，而金属材料的疲劳则不是这样。

正是由于理论认识上的误导，有些设计人员或决策部门在力图提高焊接结构的抗疲劳能力时，常倾向于选用屈服强度高的母材，他们误认为高屈服强度母材的焊接接头的抗疲劳能力也必然高。对于金属疲劳问题，这个观点是成立的，例如文献《抗疲劳设计——方法与数据》中曾用试验数据证明了"材料的疲劳强度与材料的抗拉强度之间有着较好的相关性"，甚至给出了一个近似估算公式[2]。然而对于焊接结构来说，该观点是不成立的。英国标准 BS 7608：1993《钢结构疲劳设计与评估实用标准》[3] 已经用数据明确证明，标准中所提供的焊接接头的 S-N 曲线数据对屈服强度低于 700MPa 的结构钢都适用，这就意味着同一焊接接头，只要使用的母材的屈服强度低于 700MPa，例如屈服强度为 345MPa 的 Q345 钢与屈服强度为 435MPa 的 Q435 钢，它们的 S-N 曲线数据是没有区别的。关于这一点，国际焊接学会（IIW）在 2008 年的标准中，甚至将这个屈服强度范围提高到了 960MPa[4]。

关于这个问题在后面章节中将有较详细的讨论，这里仅简单地给出它的基本理由：疲劳载荷相同、几何形状也相同的焊接接头的抗疲劳能力仅由它产生的应力集中控制，而应力集中的高或低不由母材的屈服强度控制。

误区二：将焊接结构的疲劳失效问题归结为焊接质量问题

该认识误区是责任层面上的，即习惯于将焊接结构的疲劳失效主要归结为焊接质量的问题，习惯于从制造质量的角度寻找问题发生的原因。

在过去很长的一段时间里有过这样的教训，焊接质量很差，焊接缺陷严重而导致一些焊缝在短时间内发生疲劳失效。在吸取质量上的教训之后，现阶段焊接质量已经有了明显的改善，但是疲劳失效问题还是继续发生，例如图 1-1 所示的某动车组设备舱裙板支架焊缝疲劳开裂，就是其中的一个典型案例。经过非常严格的检查未发现该处焊接质量的任何问题，然而服役不久该结构还是出现了疲劳失效问题。这个案例表明：将应力集中产生的原因简单地归结为焊接质量的问题是不恰当的，应力集中可以产生于制造阶段，也可以产生于设计阶段，不同的阶段应该有不同的责任，虽然逻辑上责任问题不是一个科学问题，但是对责任不清导致治理上的错位也不可掉以轻心。

误区三：焊接结构内部的残余应力对疲劳寿命有重要影响

该认识误区是关于焊接残余应力影响的问题，即认为焊接结构内部存在复杂的残余应力，且这个残余应力对疲劳寿命是有重要影响的，可是这个影响究竟有多大又难以可靠估计。

关于焊接结构残余应力本身，国内许多焊接专家的著作中对残余应力产生的机

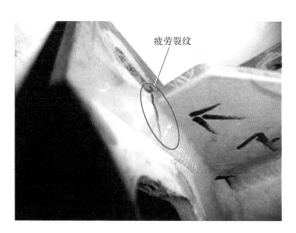

图 1-1 设备舱裙板支架焊缝疲劳开裂

制都有过详细的阐述[5,6]，一致认为焊接结构内部存在着相当复杂的残余应力是焊接结构工艺热过程的必然结果。然而在谈到残余应力对疲劳寿命或疲劳失效到底有什么样的影响时，英国焊接研究所的 T. R. Gurney 博士在他的专著《焊接结构的疲劳》中曾有过这样一段精彩的描述："把焊接结构发生的破坏，归咎于残余应力的影响，这种看法并没有几年，但是最近的研究已经趋向于要证明这种观点是一个误解，即使在某些情况下残余应力无疑会有危害，但它们并不总是要负主要责任。"[7]

焊接结构的残余应力峰值可以达到材料的屈服强度[7]，由于构件类型、焊接工艺、装配顺序及夹具等影响，残余应力常表现为复杂的分布形式[8]，在进行疲劳评估时，定量计算残余应力的影响在工程上是很困难的，替代的方法是确保疲劳性能测试数据包含残余应力的影响（例如 S-N 曲线数据），这通常要求试件要具有足够的尺寸[8]，这在常用的国际规范和标准中，如 EN 标准、BS 标准、IIW 标准及 ASME 标准，S-N 曲线数据中已经包含了残余应力的影响，这样就无须再次单独处理残余应力对疲劳评估结果的影响。

鉴于焊接结构残余应力与疲劳失效的关系是一个争议不断的话题，董平沙教授对此有过更深入的研究并给出了结论[8]："如果有合适的 S-N 曲线数据，残余应力对焊接结构疲劳的影响并不需要单独考虑。"关于这个观点，本书后面的章节中将有较详细的介绍。这里需要强调的是，同样是应力，但是外载荷控制的应力与位移控制的残余应力对裂纹扩展的影响不在一个数量级上，后者远小于前者，如果理解了美国 ASME BPVC Ⅷ-2-2015 中给出的疲劳寿命估算公式的推导过程，就能理解残余应力的贡献是几乎看不到的[9]。

误区四：对于焊接结构的疲劳问题，只重视验证，不重视设计

该认识误区是逻辑层面上的，即能否用辩证的眼光看待疲劳寿命数值仿真与台架疲劳试验这二者之间的关系。

产品的研发主要阶段是设计、制造、验证，可以把这三个阶段比喻为一条河流的上游、中游、下游。

由于形成焊接结构的热物理行为相当复杂，致使一些决策者认为疲劳失效隐患存在与否的检查手段只能是台架上的疲劳试验。事实上，对台架上疲劳试验的重视确实是非常必要的，但是还应当看到它的"下游"属性，在仅有设计图样的"上游"设计阶段，如果设计不当，应力集中之类的疲劳隐患就有可能藏匿于其中，一旦发生这种"上游污染"，"下游治理"的代价将是很大的，图 1-1 给出的焊接接头疲劳开裂就是典型的"上游污染、下游治理"案例。

当然，焊接结构疲劳寿命的估算结果是概率意义上的统计，由于在数值仿真建模的过程中一些影响因素被简化或忽略，因此导致了仿真计算结果与实际情况的相对误差。但是在建模过程中如果能抓住主要矛盾，基于仿真计算结果的"设计方案相对比较中选优"则有明确的意义，如果计算手段更科学一些，优选出来的设计方案将更有工程价值。例如研究人员曾经为某轨道客车的焊接构架创建了一个计算模型，然后计算得到了 134 条焊缝焊趾上的疲劳损伤，并通过比较识别了哪些焊缝焊趾上的疲劳损伤较大，然后基于识别结果对设计进行了修改。修改以后焊接结构的应力集中得到明显的缓解，从而实现了这样的设计闭环。如果在设计阶段坚持这样做，"上游应力集中污染"的程度将会显著降低或归零，而要能做到这一点，除了要有科学的方法之外，还需要用辩证的眼光看待疲劳寿命数值仿真与台架疲劳试验这二者之间的互补关系。

1.2 编写本书的基本目的

1981 年，徐灏教授在他的专著中指出："疲劳强度设计"是建立在实验基础上的一门科学[10]，对疲劳强度设计问题来说，这个见解无疑是相当深刻的，对于焊接结构的疲劳强度设计问题可能更是这样。1979 年，T. R. Gurney 博士给出的结论是：焊接结构疲劳强度是不能用理论的方法求出来的，换言之，他认为焊接结构的疲劳强度设计也只能建立在试验基础上。有这种想法的学者还有很多，这也从侧面反映了寻找焊接结构疲劳强度问题的理论解是极其困难的[7]。

在焊接结构抗疲劳设计领域，1993 年英国提出了 BS 7608 标准，1998 年国际焊接学会（IIW）提出了类似的文件，在包括近年更新的版本中，人们看到的依然是疲劳试验数据的积累，这在一定程度上解决了一系列工程问题，但是实验室试验数据的有限性与工程需求多样性的矛盾依然存在。

然而数学家认为，世界上的事物是有可能用数学方程来描述的，科学的发展验证了这一预言。2007 年美国 ASME 标准进行了更新，在更新版本的第 5 章中给出了董平沙教授关于焊接结构疲劳寿命评估的理论与方法[9]，经过近十年的努力，董平沙教授终于在焊接结构疲劳寿命计算领域实现了数学家的预言。

2015 年最新出版的 ASME BPVC Ⅷ-2-2015 标准，沿用了 2007 年 ASME 标准中关于焊接结构疲劳寿命评估的内容。ASME 标准的内容是公开的，这为我国密切关注焊接结构疲劳寿命计算理论的人们提供了引进、消化、吸收、再创新的窗口，通过这个窗口帮助读者消化其理论，并试图将其转化为解决实际问题的能力，这就成了编写本书的第一个目的。

本书在理论介绍方面遵循的是由浅入深的递进原则，将首先介绍一些相关的基础知识。在讨论焊接结构疲劳失效问题之前，将简要地介绍一些与疲劳相关的基础知识。在讨论 S-N 曲线内涵的同时，简要地讲解迈纳尔（Miner）疲劳损伤累积原理的内涵。在讨论网格不敏感结构应力之前，将简要地交代一些有限元领域的基础知识以及关于应力计算的奇异性。在讨论结构应力法的理论内涵之前，还将简要地交代一些与断裂力学相关的基础知识，以及用 Paris 裂纹扩展公式直接积分计算疲劳寿命的难点。在讨论焊接残余应力的特殊性时，将重点讨论焊后残余应力的位移控制属性。然后重点介绍结构应力法的来龙去脉，以及基于结构应力的主 S-N 曲线公式的理论推演。接着介绍结构应力法在焊接结构抗疲劳设计中的应用技术，其中包括焊接接头应力因子计算技术、识别与缓解应力集中以获得焊接接头最好疲劳行为的实用技术。最后，将介绍董平沙教授的其他研究成果，其中包括处理多轴疲劳问题的 MLP 方法、处理低周疲劳问题的结构应变法，以及内涵更深邃的主结构应变法。客观地说，如果我们掌握了这样一个完整的理论体系，处理复杂的工程问题时就不会被复杂的表面现象所迷惑。

当前，我国轨道车辆制造行业还引进了一些其他类似的标准，由于这些标准的疲劳数据是基于名义应力的，可将这些标准定义为第一类。美国 ASME BPVC Ⅷ-2-2015 标准中的结构应力法有别于传统的名义应力法，将该标准定义为第二类。本书对第一类标准的工程适用性与局限性进行了梳理归纳，基于这个梳理归纳，如果能让读者对第二类标准中新知识的发生过程有个递进的理解，那么编写本书的第二个目的也就达到了。

编写本书的第三个目的是：在理论消化的基础上，试图帮助相关的设计人员在焊接结构的设计阶段有具体的方法可用。无科学的、系统的、简洁的方法可用，一直是设计人员难于开展焊接结构抗疲劳设计的一个紧迫问题，如果这第三个目的能够实现，那么从"发现应力集中"入手，到"缓解应力集中"落脚，形成了闭环的设计理念，焊接结构抗疲劳设计就不至于像高悬于空中的楼阁。为达到这一目的，本书提供了两类技术，一是服务于接头设计的技术，二是服务于结构系统层面的平台技术。关于接头设计技术，本书将通过欧洲标准 EN15085[11] 中应力因子的计算为引导，通过具体案例分别给出实施第一类标准与第二类标准的具体步骤，这也是服务于焊接接头抗疲劳设计的参考模板。而关于结构系统层面的平台技术，则是基于结构应力的虚拟疲劳试验，本书除了给出虚拟疲劳试验的关键技术之外，还

6

用有代表性的工程案例给出了示范。

　　本书关于模态结构应力、频域结构应力概念的提出，使结构应力法的工程应用更加广泛，给出的案例让读者进一步认识到，沿着结构应力法的理论路线继续前进，焊接结构疲劳失效问题的学术研究依然有较大的空间。

参 考 文 献

[1] 霍立兴. 焊接结构的断裂行为及评定 [M]. 北京：机械工业出版社，2000.

[2] 赵少汴. 抗疲劳设计方法与数据 [M]. 北京：机械工业出版社，1997.

[3] Fatigue design and assessment of steel structures：BS 7608：2014＋A1：2015 [S]. London：BSI，2015.

[4] Recommendations for fatigue design of welded joints and components：XIII-1539-07/XV-1254r4-07 IIW document [S]. Paris：IIW/IIS，2008.

[5] 田锡唐. 焊接结构 [M]. 北京：机械工业出版社，1996.

[6] 张彦华. 焊接结构原理 [M]. 北京：北京航空航天大学出版社，2011.

[7] GURNEY T R. 焊接结构的疲劳 [M]. 周殿群，译. 北京：机械工业出版社，1988.

[8] DONG P S, HONG J K, OSAGE D A, et al. The master *S-N* curve method an implementation for fatigue evaluation of welded components in the ASME B&PV Code Section VIII, Division 2 And API579-1/ASME FFS-1 [M]. New York：WRC Bulletin，2010.

[9] Boiler and Pressure Vessel Code：ASME BPVC VIII-2-2015 [S]. New York：The American Society of Mechanical Engineers，2015.

[10] 徐灏. 疲劳强度 [M]. 北京：高等教育出版社，1988.

[11] Railway applications-Welding of railway vehicles and components Part 3：Design requirements：EN15085-3：2007 [S]. Brussels：European committee for standardization，2007.

Chapter 2

第 2 章

预备知识

　　焊接结构疲劳强度问题所涉及的知识面较宽，从焊接专业的角度看，涉及的基础知识有焊接原理、焊接方法、焊接结构等。从力学的角度看，涉及的基础知识有材料力学、结构力学、弹性力学、断裂力学等。

　　尽管如此，从力学的角度出发将这些知识有机地联系起来是有实际意义的，因为焊接结构的疲劳失效问题归根结底是一个力学问题，而且是一个相当复杂的力学问题。因为从力学的角度看，焊接结构的疲劳失效过程可以看成是这样的一个力学过程：外力驱动焊趾或焊根上的微小裂纹的不断扩展，而结构内部的阻抗力则抵抗着裂纹的扩展，于是在这个过程中，外力的驱动与内力的抵抗就构成了一对矛盾共同体，正是由于这个矛盾双方的平衡不断地被打破，才最终导致了焊接结构的疲劳失效。基于这一观点，本书关于基础知识的介绍也是力图从力学角度出发的。

2.1　金属疲劳的基本原理

　　从强度的角度看，金属零部件的服役破坏可分为两种模式：一种是静载荷作用下的静强度破坏模式；另一种是动载荷作用下的疲劳破坏模式。

　　静强度破坏模式是指在大于金属材料屈服强度的静应力作用下，零部件的危险截面中产生过大的应力而超出了它们的屈服强度导致永久变形或断裂。因此在静强度评估时，安全判据是它们的整体应力水平是否低于规定的许用应力，而许用应力则是由屈服强度或抗拉强度所控制的。

　　疲劳破坏模式是指零部件在小于材料屈服强度的动应力作用下导致的开裂或断裂。对于任何承受动载荷的金属零部件而言，不但要关心静强度破坏模式，更要关心疲劳破坏模式，通过静强度评估只是零部件可以安全服役的首要条件，而疲劳强度评估则是在静强度评估基础上的延伸与发展，只有将二者统一，才能构成完整的强度评估体系。

　　静强度破坏模式与时间历程无关，比较而言，关于静强度破坏模式的理论和方法比较成熟，而疲劳强度破坏模式却并非这样，其理论与方法完全不同于前者。在疲劳强度破坏问题范畴内还有金属材料的疲劳破坏与由金属构成的焊接结构的疲劳破坏，而这两者又是内涵不同的两类问题。考虑到本书后面章节中在讨论关于焊接结构疲劳破坏模式的理论与方法时，需要与金属材料疲劳破坏模式的理论与方法进行对比，因此有必要首先对金属材料疲劳的基本概念进行简单的介绍。

"疲劳"一词的英文是 Fatigue，有"劳累、疲倦"之意。作为工程专业术语，它被用来表达材料在动载荷作用下的损伤和破坏。1964 年国际标准化组织（ISO）发表的报告《金属疲劳试验的一般原理》中，对疲劳概念给出了基本的定义："金属材料在应力或应变的反复作用下所发生的性能变化称为疲劳。"在一般情况下，该术语特指那些导致开裂或破坏的性能变化。

历史上首先发现与定义金属零部件疲劳现象的是德国工程师 A·沃勒，他在 1945 年解释了为什么在动载荷作用下，金属零部件的实际应力水平很低，但是它的寿命却很短的奇怪现象。在这以后人们对工程上各类动载荷作用下的各类材料的疲劳破坏问题的研究就一直没有停止过，其中关于金属材料疲劳领域的研究相对深入，原因是工程界为金属材料疲劳破坏所付出的代价最为昂贵，教训最为深刻。

相当多的专业著作对金属疲劳的机理有过非常系统的论述，归纳如下：

金属疲劳破坏是指在循环应力或应变作用下，高应力或高应变的局部区域的金属晶粒逐渐形成微裂纹后发展成宏观裂纹，然后宏观裂纹不断扩展，最终导致疲劳破坏。例如表面光滑的试棒在循环载荷的试验中，疲劳损伤可以先通过弹性各向异性或微观夹杂引起的位错发展，这些微观几何缺陷将产生局部应力集中或微观裂纹。由此产生的应力集中通常被称为应力集中系数 K_t（缺口或其他应力集中处局部应力与名义应力的比），在高应力区的缺口尖端将触发位错运动，这会使材料产生侵入和挤压，最终将导致小的初始裂纹。一旦微观裂纹达到可测量尺寸，疲劳裂纹萌生寿命阶段将结束，而疲劳裂纹扩展寿命阶段将开始。

显然这是一个时间历程上的事件，在这个时间历程上裂纹从无到有的影响因素复杂、离散性大，例如导致金属疲劳的疲劳源，可以是小到几毫米甚至几微米的局部，可以是零件或构件的几何缺口的根部、表面缺陷、切削刀痕、磕碰伤痕，也可以是材料内部的微小缺陷等。这些零件或构件在足够多的动载荷作用后，从高应力或高应变的局部开始形成裂纹，此后，在动载荷继续作用下，裂纹进一步扩展，直至达到临界尺寸而完全断裂。

金属疲劳破坏可分为三个阶段，即裂纹萌生、裂纹扩展、失稳断裂[1]。从微观上看，疲劳裂纹的萌生与局部微观塑性有关；但从宏观上看，在动应力水平较低时，弹性应变起主导作用，此时疲劳寿命较长，称为应力疲劳或高周疲劳。在动应力水平较高时，塑性应变起主导作用，此时疲劳寿命较短，称为应变疲劳或低周疲劳。裂纹萌生后宏观裂纹将在一定时期内稳定扩展，达到一定程度后结构承载能力将大幅度下降，最终会导致快速断裂。

另外，对金属零部件而言，不同的外部载荷作用将导致不同的疲劳破坏形式。

1）机械疲劳：仅有外加应力或应变波动造成的疲劳失效。

2）蠕变疲劳：动载荷同高温联合作用引起的疲劳失效。

3）热机械疲劳：动载荷和循环温度同时作用引起的疲劳失效。

4）腐蚀疲劳：存在侵蚀性化学介质或致脆性介质的环境中，施加动载荷引起的疲劳失效。

5）接触疲劳和滚动接触疲劳：载荷的反复作用与材料间的滑动和滚动接触相结合分别产生的疲劳失效。

6）微动疲劳：脉动应力与表面间的来回相对运动和摩擦滑动共同作用产生的疲劳失效。

虽然焊接结构的基本构成元素是金属材料，例如焊接性较好的结构钢，将这些材料组焊成焊接结构以后，它的抗疲劳能力将发生本质改变，例如转向架上由结构钢板组焊而成的承载构架，同样的母材、同样的外载荷，但是其抗疲劳能力则因几何形状的不同而一定不同，因为焊接结构的疲劳强度将主要由焊接接头的疲劳强度所控制，而不是由构成的母材所控制。与用于研究金属材料疲劳强度的理论与方法相对比，用于研究焊接结构疲劳强度的理论与方法更为特殊，如果忽视这一特殊性，将用于材料疲劳破坏的理论与方法套用到焊接结构上去，那将导致方向性的错误。

2.2 焊接接头的基本术语

以电弧焊为例，图 2-1 给出了描述焊接接头的基本术语。

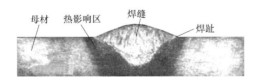

图 2-1 焊接接头基本术语

1）母材：形成焊接接头的基本材料，简称为 BM（base metal）。

2）焊缝：工件经过焊接后所形成的结合部分（weld）。

3）热影响区：焊接过程中母材因受焊接热循环的影响，而发生金相组织和力学性能变化的区域（未熔化部分），简称为 HAZ（hot affect zone）。

4）焊趾：焊缝表面与母材的交界处（weld toe）。

除此之外，还有以下相关术语。

1）填充材料：熔敷到焊缝中的金属材料，即熔化后和母材熔化金属混合，一起冷却，将母材连接起来形成一个焊接接头的材料，简称为 WM（weld metal）。

2）焊根：焊缝背面与母材交界处（weld root）。

3）焊喉（熔深）：焊缝的有效高度（weld throat、weld depth）。

从焊接专业的角度定义，焊接接头是母材、焊缝、熔合区及热影响区的集合体。图 2-1 所示的焊接接头的熔合区是焊缝向热影响区过渡的区域，该区域范围很小，通常在 0.1~1mm 之间，因此有的文献将之称为熔合线，它的强度、塑性、韧性较差[2]。在后面还将看到，即使是在焊接质量很好的焊缝上，其焊趾处也一定存在相当微小的毛细裂纹。

在后面将要讨论的内容中还能看到，通常焊接接头的疲劳源不是发生在热影响区，当焊脚尺寸足够时也不发生在焊缝上，而是经常发生在焊趾上，或者发生在焊根上，当面对的仅是图样上的焊接结构时，通常需要重点考虑这两种情况。

2.3　焊接接头与焊接结构的定义

通常，以满足某些功能为要求的一个设计是否满意，需要考虑设计约束，这些约束构成了一个设计可行域，例如尺寸界限约束、强度约束、刚度约束、疲劳寿命约束、自振频率约束等，然后在这个可行域中设法找到一个最好的设计。既然是设计，就需要对焊接接头与焊接结构进行定义，因为焊接接头设计与焊接结构设计是两个不同的概念。

参考文献［3］称焊接结构是由焊接接头组成，并对焊接接头给出了这样的定义："将两个或两个以上的构件以焊接的方法来完成连接，使之成为具有一定刚度且不可拆卸的整体，其连接部位就是所谓的焊接接头"。该文献还指出：熔焊焊接接头一般由焊缝金属、熔合区、热影响区、母材这四部分组成。

焊接结构是怎样由焊接接头组成的，或者组成结构的接头的界面该怎样定义呢？

通常，焊接结构有以下四种类型：框架结构、桁架结构、板壳结构、实体结构[7]。工程上比较复杂的实体焊接结构的主体形式是箱形结构。以图 2-2 所示的轨道车辆转向架上的焊接构架为例，它应该属于实体类结构。这个焊接构架是由哪些焊接接头组成的？或者是由多少个接头组成的？这个答案可能不唯一，因为提取界面并不唯一。

工程上，除非一个待设计的焊接接头的设计可行域是独立存在的，否则只能在焊接结构中提取出一个焊接接头进行设计，这样的设计有很强的针对性。如果是这样，这个接头的设计可行域将不再具有独立性，因为这不是简单的几何分割就能对一个焊接接头进行定义，在提取界面一定有焊接结构中其他部分结构对这个焊接接头的力学影响。

因此如果从焊接结构中提取出一个焊接接头进行设计，有两个问题需要注意：①如何将结构载荷转化为接头载荷；②如何找到与它对应的 S-N 曲线数据。

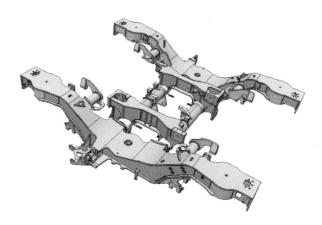

图 2-2　某转向架的焊接构架

2.4　焊接结构与焊接接头的疲劳载荷

疲劳载荷可分为两类，一类是其大小和正负方向随时间周期性变化的载荷称为交变载荷，另一类是大小和正负方向随时间随机变化的载荷称为随机载荷。

由于外载荷的改变必然引起结构应力的变化，一个周期的应力变化过程称为一个应力循环，应力循环特点可用循环中的最大应力 σ_{max} 和最小应力 σ_{min} 来描述，在疲劳载荷的描述中经常使用应力幅 σ_a 和应力变化范围 $\Delta\sigma$ 的概念，定义如下：

$$\sigma_a = \frac{\sigma_{max} - \sigma_{min}}{2} \tag{2-1}$$

$$\Delta\sigma = \sigma_{max} - \sigma_{min} \tag{2-2}$$

通常用最小应力与最大应力的比值 R 来描述循环应力的不对称程度，R 称为应力比，即：

$$R = \frac{\sigma_{min}}{\sigma_{max}} \tag{2-3}$$

由式（2-1）~式（2-3）可知，当 $R=-1$ 时的循环应力即为对称循环应力，当 $R \neq -1$ 时统称为不对称循环应力，$R=0$ 时为拉伸脉动循环应力，$R=-\infty$ 时为压缩脉动循环应力。

凡是导致焊接结构内部应力随时间变化的动态事件均可以定义为该结构的疲劳载荷。然而疲劳载荷的确定却不是一个简单的问题。在某些标准中给出了疲劳试验载荷，给定了疲劳试验载荷的加载频率是不变的常数，但事实并非如此。轨道车辆焊接结构实际承受的载荷频率不是常数而是随机数，如行驶在不同的线路上，甚至是在同一条线路上不同的区间里，激扰载荷的频率成分都有可能不同。由于钢结构本身抑制振动的阻尼力通常很小，一旦激扰载荷的某个频率成分与焊接结构中某个局部结构的固有频率成分接近，即力学上所谓的"落进某个频率禁区"，将放大动态应力，其结果自然是加快焊缝疲劳开裂的进程。

一个典型的案例是：某高速动车组转向架的侧梁上焊了一个很小的挡板，以防止高速行驶产生的气动力卷起地面碎石打击转向架上的敏感器件，结果服役不久，这个挡板的焊缝就发生了疲劳开裂，经检查，这个挡板上根本没有通常意义上的外载荷；可是在服役过程中，这个焊接挡板的某个固有频率被外界干扰频率激起，于是因挡板质量的存在而获得了随时间变化且峰值很大的惯性载荷，疲劳破坏由此发生。

其实，这个问题的事后分析与解决都不困难，但是这个"隐性杀手"的事前识别却不是那么简单，因为服役环境中随机载荷频率的特征识别需要大量的实测数据支持。在后面的计算公式中可以看出，如果应力变化范围被放大，对疲劳寿命的负面影响将更大。

这也是为什么英国标准 BS7608 早就给出了这样的警示："在评估疲劳性能时，疲劳载荷的真实估计对于寿命计算来说极为重要，且所有类型的循环载荷都需要考虑在内。"[4]

关于疲劳载荷的重要性，如果从哲学的角度来阐述，将能更深刻理解，因为对焊接结构而言，不管它表现出来的疲劳现象是多么错综复杂，但是现象背后的影响因素其实只有两个：一个是焊接结构内部自身的抵抗疲劳的能力，即内因；另一个是焊接结构所承受的疲劳载荷，即外因。本书后面的公式已证明，疲劳寿命与应力之间存在着一种近乎三次幂的下降关系，因此对待疲劳载荷这个因素时必须要有谨慎的、科学的态度，如果忽视外因很可能会导致结构不适合应用条件而引起疲劳破坏，如某工厂曾经将已经在国内应用成熟的轨道车辆产品出口到线路等级极低的某个国家，结果不久焊接构件上的一条焊缝就发生了疲劳开裂。

在讨论疲劳载荷的重要性时，还有另外一个问题也不可忽略，即如何将焊接结构上的全局性疲劳载荷转化为每个焊接接头上的疲劳载荷，如果做不到这点，面向工程的焊接接头的抗疲劳设计就难于量化执行，为了解决这个问题，本书提出了利用有限元子结构技术间接获得焊接接头上的疲劳载荷的策略，相关细节将在第9章中通过案例给予具体的介绍。

2.5　焊接接头工作应力的定义

应力是外部载荷施加给结构的一类响应，结构上某点的应力状态是时间历程上的一个变量。力学上的应力类型有明确的定义，而下面将要讨论的应力类型则是从工程应用的角度定义的，不同的应力类型对应有不同的疲劳强度评估方法，乃至不同的理论体系，因此要严格区分焊接接头上的应力类型。

在外载荷作用下，焊接接头上的应力分布是相当复杂的，图 2-3 给出了典型的角焊接头的应力分布[4]，从图中可以看出焊接接头上的应力呈高度非线性分布，距离焊趾越近应力的非线性程度越高。

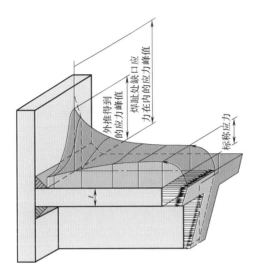

图 2-3 典型的角焊接头的应力分布

查阅当前已经公开发表的各类文献与设计标准，从工程的角度出发，焊接接头上的应力类型可以归纳为三类：名义应力、热点应力、结构应力。

1. 名义应力（标称应力）

教科书上对名义应力（nominal stress）早就有了严格的定义，它是不考虑结构局部细节的整体应力，通常只能用材料力学公式计算出来，如图 2-3 所示，梯度几乎为零的"相对平坦区域"的应力是名义应力（或标称应力）。在实验室对试样进行疲劳试验，由于试样的几何形状简单，施加的疲劳载荷模式也简单，因此试样上的应力通常可用材料力学的公式计算得到。但实际工程结构中，当许多焊接接头的几何形状不再简单，载荷模式也不再简单时，严格地说，这类焊接接头上的名义应力是不存在的，用材料力学的公式也计算不出来，但是一些疲劳强度评估标准的 S-N 曲线数据又是基于名义应力标定的，因此这里存在一个很大的不一致性。为了克服这类不一致性，于是就有了"广义名义应力"的概念，即用有限元方法在焊接接头上计算应力梯度近似为零的"平坦区域"上的应力。基于这个定义，那些基于名义应力的疲劳强度标准才有可能被执行下去，为此有些标准甚至还规定了如何在有限元模型中拾取计算应力，而实际经验表明，这种拾取计算应力的方法常因人而异，还没有可靠的通用准则。

同样道理，以布置应变片的方式测量应力时，或用基于名义应力标定的 S-N 曲线来计算疲劳寿命或疲劳损伤时，也会因人而异引起较大的计算不一致性。

2. 热点应力

焊接接头焊趾处的应力集中峰值是研究人员最为关心的。图 2-3 在靠近焊趾处的应力分布不再平坦，应力梯度明显提高。然而由于峰值应力的奇异性，研究人员定义了一个新的应力类型，即热点应力（hot-spot stress），或称之为几何应力。热点应力是焊缝处由于几何不连续而产生的，虽然它不包含缺口效应所产生的局部应力集中，但是与名义应力相比，热点应力更接近焊趾处的应力峰值。

焊趾处热点应力不能用材料力学公式计算，也不能用有限元法直接计算，因为焊趾处应力梯度太大，而这个梯度对有限元网格相当敏感，于是热点应力只能间接获得。对热点应力的计算方法，在 IIW 标准中有详细的说明[5]，这里简要概括如下：

首先，根据对应力梯度的判断，在焊接接头附近选择两个或三个外推点，如图 2-4 所示。然后，用有限元法计算外推点上的应力值，或者用贴片的方法测量外推点上的应力，然后代入外推公式计算热点应力。最后，利用基于热点应力的 S-N 曲线数据计算疲劳损伤或寿命。

热点应力法近年来在工程领域得到了一定程度的应用，有些标准中提供了一些基于热点应力的 S-N 曲线数据，有兴趣的读者可以查阅相关文献。但是

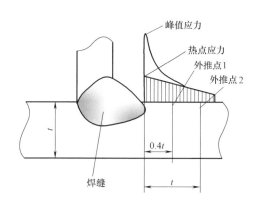

图 2-4　焊趾处热点应力的外推点示意图

也需要注意热点应力法的局限性，由于热点应力法的计算结果与有限元网格的大小、单元的类型、插值点的个数、插值点具体位置的选择等因素相关联，因而计算结果将可能因人而异。之所以会出现这种现象，是因为本质上它是名义应力的延伸，而不是基于疲劳失效机理定义的。下面将要介绍的结构应力却不是这样。

3. 结构应力

对焊趾开裂而言，热点应力的实质是焊趾处表面的局部应力。从断裂力学的角度看，控制焊缝裂纹扩展速度的应力不应仅仅是焊趾处表面应力，而是从焊趾开始板材的垂直截面上的全部应力的分布状态。由于表面应力代替不了截面上全部应力的分布状态，因此热点应力不能被用来研究焊缝的开裂机理，至于名义应力，则更不具备这个能力。

结构应力（structure stress）是董平沙教授研究焊缝疲劳开裂机理时，针对焊接结构疲劳强度问题的特殊性并基于力学原理而定义的一种应力。应当注意的是，基于表面外推的热点应力也常被称为"结构应力"，但董平沙教授提出的结构应力的更严格的定义是基于自由体的切面法，采用有限元输出的节点力和弯矩直接计算

获得的[5,7]。

董平沙教授基于这个结构应力及断裂力学理论进一步推导了关于评估焊缝疲劳寿命的计算公式[6]。关于结构应力概念的物理意义以及存在验证，将在第7章中进行系统的介绍与讨论。

2.6 S-N 曲线及其内涵

疲劳试验是焊接结构疲劳强度设计的基础，其中焊接接头试样的疲劳试验是很重要的，这类试验的目的是获得焊接接头的抗疲劳能力，而度量这个抗疲劳能力的数学表达就是 S-N 曲线。这里 S 代表用应力度量的疲劳强度（strength），N 代表应力循环次数（number）。由于应力与循环次数的数量级差异很大，因此通过对数坐标系可以更方便地表达。对数坐标系里 S-N 曲线为一条直线或折线，但物理上它却是一条高度非线性的曲线。

关于 S-N 曲线的概念及如何通过试验获得焊接接头的 S-N 曲线，许多文献中可以查阅到，这里仅对以下三点做进一步的讨论。

1. S-N 曲线的力学内涵

在外部动态载荷作用下，任何一个焊接接头都能表现出一定的抵抗疲劳的能力。当承受的应力水平较高时，疲劳寿命就短；当承受的应力水平较低时，疲劳寿命就长。如果说外载荷是导致疲劳的"驱动力"，那么 S-N 曲线就是该焊接接头抵抗疲劳的"阻抗力"的一种表现形式。双对数坐标系下，S-N 曲线位置越向上，抵抗疲劳的能力就越大，反之就越小。由此可见，一条 S-N 曲线就是与它对应的那个焊接接头抗疲劳能力的度量，在抗疲劳设计中 S-N 曲线的地位相当重要。

任何一条 S-N 曲线数据都来自疲劳试验，它的数据与试验时的焊接接头的几何形状对应，也与所施加的疲劳载荷对应。于是在工程应用中选择 S-N 曲线时，一定要注意两个一致性：被评估接头的几何一致性以及疲劳载荷的一致性。假如应用中存在其中任何一个不一致，那么对焊接接头抗疲劳能力的评估就将产生不同程度的偏差。

事实上，公开发表的标准中提供的 S-N 曲线数据，虽然顾及了工程实际需要，但是有限的数据很难满足实际结构中几何形状与载荷模式的多样性，为了解决这个冲突，一个新的重要的概念被提了出来，即主 S-N 曲线。关于主 S-N 曲线的来龙去脉，后面将有详细的介绍。

2. S-N 曲线水平段的拐点

有的标准中给出的 S-N 曲线有水平拐点，例如在 1×10^7 次时出现水平拐点，如果应力水平低于这个拐点对应的应力水平，那就意味着它对疲劳损伤没有贡献，这个拐点对应的应力就是通常意义上的疲劳强度的概念，这个概念完全是一个工程上的假设，即认为这个应力拐点对应的循环次数（例如 1×10^7 次）可以满足工程需要的循环次数。

但是有些标准不是这样，例如 BS 标准，它的 *S-N* 曲线（图 2-5）就没有水平拐点，它给出的理论解释是，小的应力循环对疲劳损伤也有贡献[3]，其实在工程中引起疲劳破坏的随机因素很多，无水平拐点的 *S-N* 曲线考虑更偏于安全。此外，从图 2-5 中可看出，纵坐标表示应力范围（stress range），其原因在后面将有详细解释。

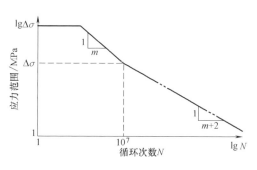

图 2-5 BS 标准中的 *S-N* 曲线

3. *S-N* 曲线的统计意义

在试验获得 *S-N* 曲线时，*S-N* 曲线是服从概率分布的，将失效概率考虑进去得到的是 *P-S-N* 曲线，这里的"*P*"是英文单词概率（probability）的简写。通常这个概率是服从高斯分布的[4]，而图 2-5 中的 *S-N* 曲线只是某特定破坏概率下的 *S-N* 曲线，因此在选择 *S-N* 曲线时要声明它的失效概率。一般情况下，工程中给出的 *S-N* 曲线是指失效概率 *P* = 50% 的疲劳曲线，或称为中值 *S-N* 曲线。在设计时选择合适的 *P* 值是需要综合考虑的。关于如何综合考虑，第 6 章中将结合一个设计评估标准给出进一步的讨论。

既然疲劳寿命是具有统计意义上的寿命，那么疲劳寿命不可能像一加一等于二那样被准确计算出来。对疲劳寿命计算而言，准确只是相对的，然而这不等于疲劳寿命的计算没有意义。问题的关键在于计算目的是追求"绝对"，还是追求"相对"，如果疲劳寿命的计算模型可靠、计算过程科学，那么设计人员就可以通过相对比较来选择一个好的设计，这也更好地体现了疲劳寿命评估的工程意义。

2.7 Miner 线性疲劳损伤累积基本理论及其内涵

S-N 曲线是在等应力幅值的试验条件下获得的，而实际工程中载荷往往是复杂的，它们产生的应力幅可能是有规律地变化的，也可能是仅符合统计规律的随机变化。那么如何使用实验室获得的等应力幅值的 *S-N* 曲线来解决工程实际中的问题呢？于是就出现了"疲劳损伤"的概念。

疲劳损伤是基于这样的判断：①在疲劳进程中，认定每个应力的每次循环都将产生一定量的疲劳损伤；②所有应力循环产生的这些损伤是可以数量累加的；③当这些疲劳损伤累加达到设定的临界值时，就可以认为疲劳破坏已经发生。这就是迈纳尔（Miner）疲劳损伤累积理论的基本思想，在许多关于疲劳强度经典的著作中都可以查阅迈纳尔疲劳损伤累积理论[6]。

能量是一个极其有用的物理量，它只有大小，既没有数量的正负，也没有矢量的方向，因而可以累加。迈纳尔疲劳损伤累积理论可以从能量的角度给予这样的解释：材料的疲劳破坏是由于循环载荷的作用而产生损伤并累积造成的，而每次的损伤就有一定能量的损失，直到能量损失达到某个规定值就认为发生了疲劳破坏。另外，迈纳尔理论还认为材料的疲劳损伤程度与应力循环次数成比例。疲劳损伤累积达到破坏的过程与疲劳载荷的加载历史无关，迈纳尔疲劳损伤累积理论这一特点在工程上尤其重要。

上述三点为多载荷通道作用下的疲劳损伤累积计算提供了一个理论基础，也为后面提及的虚拟疲劳试验技术的实现提供了理论基础。

关于疲劳损伤的研究并没有止步于迈纳尔疲劳损伤线性累积理论，有的研究者对迈纳尔疲劳损伤线性累积理论从非线性角度给予了修正[6]，但迈纳尔疲劳损伤线性累积理论抓住了问题的本质，方向正确，表述简洁，便于理解与工程应用，因此许多著名的疲劳设计与评估标准依然使用迈纳尔疲劳损伤线性累积理论来解决复杂载荷作用下的疲劳强度设计。

2.8　Miner 线性疲劳损伤累积基本理论应用实例

在工程上评估结构疲劳强度时，迈纳尔线性疲劳损伤累积基本理论很有用，因为一些在多载荷工况环境下服役的工程结构需要这一理论。以轨道车辆为例，在客车车体结构疲劳强度评估方面，我国执行的是 2000 年欧洲标准 EN 12663，该标准是在考虑车体结构的质量后，以加速度变化的方式规定了三个不同方向上的疲劳载荷：

垂向疲劳载荷 $\qquad\qquad\qquad$ $(1\pm0.25)Mg$

横向疲劳载荷 $\qquad\qquad\qquad$ $(1\pm0.15)Mg$

纵向疲劳载荷 $\qquad\qquad\qquad$ $(1\pm0.15)Mg$

式中，M 是车体质量；g 是加速度，加载次数均为 1×10^7 次[8]。

再以美国的新造货车结构的疲劳强度评估为例，在 AAR（美国铁路学会）标准中[9]，它对车体结构规定的疲劳载荷谱有：车钩力载荷谱、旁承力载荷谱、心盘力载荷谱等。

假如，两个或两个以上的分力谱可能按顺序依次加载，也可能同时加载，在同时加载的情况下，通常不能肯定这些分力在时间上的相位关系，也不能肯定它们产生的局部应力的方向关系，因此结构上同一个位置的同一个时刻，几个分力谱的应力分量不能简单相加，所以这个位置上的疲劳寿命的精确处理是不可能做到的。但是如果利用疲劳损伤累积理论，问题将变得简单，因为它以能量表示的疲劳损伤是可以相加的。

下面用一个例子说明疲劳损伤累积理论是如何应用的。假设通过实测获得了某个焊接接头上的若干个时域应力谱，例如垂向应力谱、纵向应力谱、横向应力谱，那么按照某种规则，可以将这些应力谱处理为以应力变化范围表示的若干个应力阶梯谱。

为讨论简单起见，设 1000km 里程上的实测应力编谱后有 3 个不同的等幅阶梯，其应力变化范围与对应的次数分别是：

$\Delta\sigma_1 = 35\mathrm{MPa}$，$n_1 = 40000$；$\Delta\sigma_2 = 30\mathrm{MPa}$，$n_2 = 60000$；$\Delta\sigma_3 = 25\mathrm{MPa}$，$n_3 = 80000$。

再假设该焊接接头的中值 S-N 曲线的常数 $C = 0.566 \times 10^{12}$，反向斜率 $m = 3$，且向下取两个标准差，于是根据疲劳寿命计算公式，就可以分别计算出与每级应力谱对应的用次数表示的寿命，对本例，它们分别是：

$N_1 = 4.732 \times 10^6$；$N_2 = 7.516 \times 10^6$；$N_3 = 1.300 \times 10^7$。

图 2-6 给出了实测的次数 n_1、n_2、n_3 与根据 S-N 曲线计算得到的次数 N_1、N_2、N_3 之间的对应关系。

根据疲劳损伤累积理论，可以计算出垂向应力谱的疲劳损伤：

$D_{\text{垂向}} = n_1/N_1 + n_2/N_2 + n_3/N_3 = 0.008 + 0.008 + 0.006 = 0.022$

类似地，可以分别计算出纵向的损伤 $D_{\text{纵向}}$ 与横向的损伤 $D_{\text{横向}}$。然后将三个损伤相加，就得到了 1000km 的总疲劳损伤 $D_{\text{总}}$。如果允许的损伤 $D = 1$，那么以里程表示的该焊

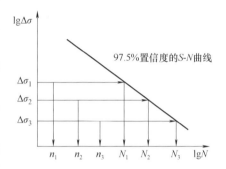

图 2-6　疲劳损伤累积示意

接接头的疲劳寿命是 $N = (1/D_{\text{总}}) \times 1000\mathrm{km}$。如果允许的损伤为 $D = 0.5$，那么以里程表示的疲劳寿命是 $N = (0.5/D_{\text{总}}) \times 1000\mathrm{km}$。

2.9　本章小结

研究焊接结构疲劳强度的理论与研究金属材料疲劳强度的理论不同，因此本章介绍了一些与二者相关的基础知识。其中关于金属疲劳基础知识的介绍，是为了便于理解焊接结构疲劳问题的特殊性；关于应力类型知识的介绍，是为了便于区别不同的评价体系；关于 S-N 曲线知识的介绍，是为了延伸到第 8 章中的主 S-N 曲线方法；关于累积损伤方面基础知识的介绍，是为了满足多载荷工况情况下计算疲劳寿命的需要。

参 考 文 献

[1]　陈传尧. 疲劳与断裂 [M]. 武汉：华中科技大学出版社，2002.

[2]　霍立兴. 焊接结构的断裂行为及评定 [M]. 北京：机械工业出版社，2000.

［3］ 方洪渊. 焊接结构学［M］. 2版. 北京：机械工业出版社，2019.

［4］ Fatigue design and assessment of steel structures：BS 7608：2014＋A1：2015［S］. London：BSI，2015.

［5］ Recommendations for fatigue design of welded joints and components：XⅢ-1539-07/ⅩⅤ-1254r4-07 IIW document［S］. Paris：IIW/IIS，2008.

［6］ DONG P S, HONG J K, OSAGE D A, et al. The master S-N curve method an implementation for fatigue evaluation of welded components in the ASME B&PV Code Section Ⅷ, Division 2 And API579-1/ASME FFS-1［M］. New York：WRC Bulletin，2010.

［7］ 赵少汴. 抗疲劳设计方法与数据［M］. 北京：机械工业出版社，1997.

［8］ Structural requirement of railway vehicle bodies：EN12663：2000［S］. Brussels：European Committee for Standard，2000.

［9］ AAR Manual of Standards：Section C Part Ⅱ Design, Fabrication and Construction of Freight Cars：M-1001［S］. American Association of Zailroads，2017.

19

Chapter 3

第 3 章

Paris裂纹扩展公式与寿命积分

　　焊接接头疲劳强度问题的研究，需要事先了解焊接结构的抗疲劳能力，而这个能力常用被研究对象的 *S-N* 曲线方程表示，因此可靠地获得研究对象的 *S-N* 曲线方程，是研究焊接接头疲劳强度问题的基础之一。通常大多数人认为，衡量接头抗疲劳能力的 *S-N* 曲线方程只能基于疲劳试验数据建立，然而除了试验手段以外，事实上还有另外一种手段，即基于断裂力学的理论来建立 *S-N* 曲线方程。那么断裂力学理论与 *S-N* 曲线方程之间有什么必然的联系呢？为了回答这个问题，首先需要了解一些断裂力学的基础知识。

3.1　断裂力学理论概述

　　传统的结构强度理论认为材料是均匀的、连续的，但是这个假设在某些情况下并不成立，例如由于制造原因，一些结构在服役之前就存在初始裂纹，或者存在像裂纹一样的缺陷，例如焊接结构，焊缝焊趾上的微小裂纹总是客观存在的，这是焊接热过程的必然结果；或者在服役过程中，结构细微处逐渐形成了可探测到的裂纹。大多数情况下，裂纹的存在与扩展是相当有害的，而传统的结构强度理论没有能力来研究与解决这类的裂纹扩展问题，因此科学家们提出了一个新理论，即断裂力学理论。在断裂力学的发展过程中，G. R. 欧文（Irwin）在 1957 年提出了应力强度因子（stress intensity factors，或 SIFs）的概念[1]，这是一个里程碑式的贡献，基于此，线弹性断裂力学的理论得以建立；接着，随着科学家们研究的深入，弹塑性断裂力学的理论也得以建立。考虑到研究的内涵，断裂力学也被称为"研究裂纹扩展的应用力学"，因为它主要用来研究裂纹的扩展规律。

3.1.1　裂纹扩展的基本类型

　　根据裂纹的受力方向和断裂特征分类，断裂力学将裂纹分成三种类型[2]：①张开型（简称为 I 型），即拉应力垂直于裂纹扩展面，裂纹上、下表面沿作用力的方向张开，裂纹沿着裂纹面向前扩展，这是最常见的一种裂纹扩展方式。②滑开型（简称为Ⅱ型），即裂纹扩展受切应力控制，切应力平行作用于裂纹面而且垂直于裂纹线，裂纹沿裂纹面平行滑开扩展。③撕开型裂纹（简称为Ⅲ型），即在平行于裂纹面而与裂纹前沿线方向平行的切应力作用下，裂纹沿裂纹面撕开扩展。图3-1给出了三种开裂形式的几何示意。

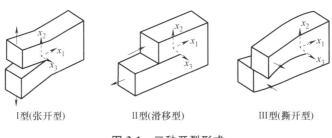

I型(张开型)　　　　Ⅱ型(滑移型)　　　　Ⅲ型(撕开型)

图 3-1　三种开裂形式

　　统计表明，大多数焊接接头的裂纹属于图3-1所示的张开型裂纹，即Ⅰ型裂纹，图3-2给出了一个焊接接头上焊趾处的Ⅰ型裂纹示意。

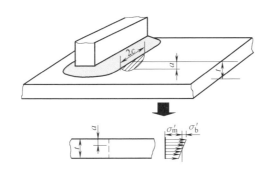

图 3-2　焊接接头上焊趾处的Ⅰ型裂纹示意

t—板厚度　a—裂纹深度　$2c$—裂纹长度　σ'_m、σ'_b—沿着板厚度分布的膜应力与弯曲应力

　　工程上，三种开裂形式中Ⅰ型裂纹开裂最危险，因为它的裂纹扩展速度最快。另外，工程上有时裂纹是Ⅰ型与另外两种类型之一的复合，从偏于安全考虑，工程上一般当作Ⅰ型对待。

　　还有，Ⅰ型的载荷方向总是垂直于裂纹的长度方向，在载荷方向并不清楚的情况下，可根据裂纹开裂方向推断驱动裂纹开裂的载荷方向，从系统分析的角度看，这种逆向推断对寻找载荷路径是有意义的。

3.1.2　应力强度因子的定义与内涵

　　由于裂纹的存在，断裂力学理论认为在正应力的作用下，裂纹尖端的应力是奇异的，在第7章中的一个案例可以证明这一点，因此不能用传统意义上的应力来定义裂纹尖端上的应力，但是裂纹尖端附近产生的应力场的强弱则可以用一个参量来描述，这个参量就是应力强度因子。在断裂力学理论体系中，应力强度因子是一个极其重要的参量，因为它可以用来表示裂纹尖端附近的应力场强度。

应力强度因子的大小由结构的几何形状、裂纹尺寸以及裂纹位置附近的应力分布与大小决定。当应力强度因子达到临界值时，结构将发生脆性断裂，这个临界值称为断裂韧度。

裂纹的扩展过程取决于裂纹前端的应力场。由于裂纹尖端的峰值应力一般都使材料的局部进入塑性区，当裂纹尖端的塑性区尺寸与裂纹尺寸相比足够小时，可将裂纹尖端的应力应变场近似地认为是线弹性的，于是可用线弹性力学来分析裂纹扩展规律，这就是所谓的线弹性断裂力学，否则称之为弹塑性断裂力学。关于焊接结构的裂纹扩展问题，大多数情况下可用线弹性断裂力学理论与方法进行研究。

图 3-3 给出了裂纹尖端附近的应力状态示意，可以看出，裂纹尖端的应力分量趋于无穷大，具有奇异性。

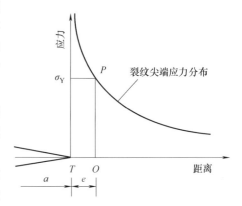

图 3-3 裂纹尖端附近的应力状态示意
a—裂纹深度

对于三种开裂形式，应力强度因子也对应有 K_{I}、K_{II}、K_{III} 三种形式，其表达式分别是

$$\begin{cases} K_{\mathrm{I}} = \alpha\sigma\sqrt{\pi a} \\ K_{\mathrm{II}} = \beta_\sigma\sigma\sqrt{\pi a} + \beta_\tau\tau\sqrt{\pi a} \\ K_{\mathrm{III}} = \gamma\tau\sqrt{\pi a} \end{cases} \tag{3-1}$$

式中，σ 为远场拉应力；τ 为远场切应力；a 为裂纹深度；系数 α、β_σ、β_τ 和 γ 分别考虑了以下因素：裂纹在结构上的具体位置，例如裂纹是在结构的中间，还是在结构的侧面；裂纹的具体形状，例如是椭圆形裂纹，还是线条向前型裂纹。这些因素的不同，使得式（3-1）中的系数不同，因而使得应力强度因子也不同。对于线弹性问题，应力强度因子与外载荷呈线性关系。

应力强度因子的计算，依赖于裂纹尖端附近的应力场。最简单的情况是：在一个作用有远场正应力的无限大的薄板中间有一个很小的裂纹，该裂纹穿透薄板厚度，这时可用复变函数的方法计算出该裂纹尖端的应力强度因子[2]，它也是计算其他强度因子的重要基础之一。在结构复杂、载荷复杂、裂纹的几何形状复杂，甚至表现出材料、几何非线性的情况下，应力强度因子的解析解是困难的。对此，国内外编辑了一些应力强度因子手册供参考，例如，杜庆华主编的《工程力学手

册》[3]中，根据裂纹形状的不同，在结构中位置的
不同，对应地给出了不同裂纹形式的应力强度因子
K 的表达式，工程使用时，可以用"对号入座"的
方式选用，也可以用数值模拟的方法计算，数值模
拟方法有多种，例如有限元法等。工程上，为了减
少计算的复杂性，还推荐了一些相对简单实用的计
算方法，例如叠加法等，这些计算方法，虽然精度
不高，但是常常在工程允许的范围之内。

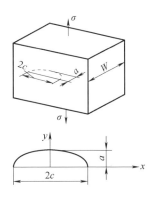

图 3-4 有限体外表面半椭
圆片状裂纹的示意

下面给出一个有限体外表面存在半椭圆片状裂
纹时的应力强度因子计算结果[4]，图 3-4 给出了半
椭圆片状裂纹的示意。

经推导，最后得到的裂纹尖端 K_1 的表达式是

$$\begin{cases} K_1 = F_1 F_2 \dfrac{\sigma \sqrt{\pi a}}{\phi_0} \\ F_1 = \left[1+0.12\left(1-\dfrac{a}{2c}\right)^2 \right] \quad F_2 = \left[\dfrac{2W}{\pi a}\tan\dfrac{\pi a}{2W} \right]^{\frac{1}{2}} \end{cases} \quad (3\text{-}2)$$

式中，σ 为远场拉应力；a 为裂纹深度；$2c$ 为裂纹长度；W 为有限体宽度；ϕ_0 为
第二类椭圆积分

$$\phi_0 = \int_0^{\pi/2} \left[\sin^2\theta + \left(\dfrac{a}{c}\right)^2 \cos^2\theta \right]^{\frac{1}{2}} d\theta \quad (3\text{-}3)$$

3.1.3 Paris 裂纹扩展公式[4]

大量的试验研究表明，裂纹疲劳的扩展速度与应力强度因子幅值之间存在着指
数关系，基于这些试验数据，帕里斯（Paris）提出了关于裂纹扩展速度的经验公式

$$da/dN = C(\Delta K)^m \quad (3\text{-}4)$$

式中，a 为裂纹深度或宽度；N 为应力循环次数；C 与 m 为与材料相关的试验参
量；ΔK 为应力强度因子变化范围。

式（3-4）表明，在材料给定的情况下，应力强度因子是决定裂纹扩展速度的
唯一决定性参量。

帕里斯（Paris）公式是工程上研究裂纹扩展时普遍使用的公式，在断裂力学
的理论体系中极为重要，后面将要看到，正是由于董平沙教授的结构应力法与
Paris 裂纹扩展公式的深度融合，为焊接结构的疲劳寿命预测提出了一个理论模型。

在某些情况下，式（3-4）也可以被修正，例如，当一个应力场的平均应力较
高时，沃克给出了他的修正公式[5]

$$\dfrac{da}{dN} = C\left[\dfrac{\Delta K}{(1-R)^n} \right]^m \quad (3\text{-}5)$$

式中，$R = \dfrac{K_{\min}}{K_{\max}}$ 定义为循环特性，即一个循环中最小强度因子与最大强度因子之比；两个指数分别是：$m = 4$，$n = 0.5$。

另外，如果考虑裂纹前端使应力松弛的塑性区的存在，且能计算出塑性区的半径，则可以用原裂纹长度加上塑性区半径得到一个"等效裂纹长度"，于是线弹性断裂力学关于应力强度因子的理论可继续使用。还要指出，一些研究人员对疲劳裂纹扩展的计算公式进行过修正，但是其结果仅与研究者自己提出的数据吻合，不具有普遍适用性，因此当前普遍使用的仍然是前面提及的帕里斯（Paris）的裂纹扩展公式[5]。

3.2　Paris 裂纹扩展公式与 *S-N* 曲线的推导

数学上，帕里斯（Paris）公式是关于裂纹扩展的微分形式，很自然，有人试图对帕里斯（Paris）公式进行积分运算，从而求出裂纹扩展次数或疲劳寿命。逻辑上，基于帕里斯（Paris）公式导出 *S-N* 曲线方程应该是成立的。在这些推导之中，英国焊接研究所的 Gurney 博士的努力最有代表性。

1988 年，Gurney 博士出版了一部专著《焊接结构的疲劳》[6]，在这部专著中，他认为，在如图 3-5 所示的对数坐标系下，初始裂纹到最终开裂的三个阶段中，第一与第三阶段的裂纹扩展次数很小，可以被忽略，因此裂纹开裂的全次数由第二阶段控制。由于第二阶段的 $\lg(\mathrm{d}a/\mathrm{d}N)$ 与 $\lg\Delta K$ 之间呈线性关系，如果对 Paris 公式进行积分运算，其运算结果即为第二个阶段的裂纹扩展次数，该次

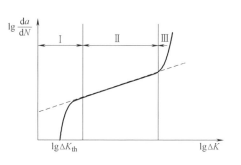

图 3-5　裂纹扩展三个阶段示意

数可以定义为裂纹扩展的全次数或裂纹扩展的寿命。

基于以上分析，该专著利用 $\mathrm{d}a/\mathrm{d}N = C(\Delta K)^m$ 这样一个微分关系进行了积分运算。

首先给定一个焊接接头的疲劳载荷，确认材料常数 C，计算应力变化范围；然后根据初始裂纹类型，计算应力强度因子。这样就得到了关于应力变化范围的微分表达式

$$\mathrm{d}a/\mathrm{d}N = C(Y\Delta\sigma\sqrt{\pi a})^m \tag{3-6}$$

对于一个给定的焊接接头，Y 值是与之对应的一个常数。

对式（3-6）进行积分运算，进而可得

$$\int_{a_1}^{a_2} \frac{\mathrm{d}a}{\left(Y\sqrt{\pi a}\right)^m} = C(\Delta\sigma)^m N \tag{3-7}$$

对式（3-7）进行整理，可以得到开裂次数 N，N 就是从初始裂纹深度 a_1 扩展到最后裂纹深度为 a_2 的循环次数。如果 a_2 为焊缝所在的母材板厚 B，那么 N 就是该焊接接头的疲劳寿命。

为推导方便，该专著又引入了一个无量纲的 $\alpha = a/B$，即裂纹深度 a 与裂纹所在的那个平板厚度 B 的比，于是式（3-7）就转化为

$$\int_{a_1}^{a_2} \frac{\mathrm{d}\alpha}{\left(Y\sqrt{\pi a}\right)^m} = C\Delta\sigma^m B^{m/2-1} N \tag{3-8}$$

式（3-8）中，当 a_1 与 a_2 为固定值时，公式左端的这个积分值是一个常数。对该式所有的常数项进行再整理，最后得到

$$(\Delta\sigma)^m N = 常数 \tag{3-9}$$

式（3-9）就是大家熟悉的 S-N 曲线方程的样子，在双对数坐标系下，S-N 曲线是具有反向斜率为 $1/m$ 的直线。对于结构钢，大量的试验数据推荐 $m = 3\sim4$。从式（3-8）可以推导出式（3-9），这表明如果 S-N 曲线遵循式（3-9）的形式，且在双对数坐标系下的反向斜率为 $1/m$，参见图3-5，可以看出关于 ΔK 的裂纹扩展阶段的寿命一定是全部疲劳寿命的主要部分。

看来，上述推导过程是符合逻辑的，推导过程也是简单的，但是在实际应用过程中，情况并不是那样简单。

3.3　传统的基于断裂力学理论直接计算焊缝疲劳寿命的难点

虽然从 Paris 公式到 S-N 曲线方程的推导在理论上是成立的，但是在实际应用的过程中将会遇到以下困难：

（1）公式的通用性问题　不同的焊接接头，有不同的应力强度因子，即有不同的 Y 值，正如前面提及的《工程力学手册》的数据所指出的那样，不同的裂纹形态对应有不同的 Y 值，由于 Y 值没有一个统一的解析表达式，因而式（3-8）只能对特定的个体进行积分运算，即使有的裂纹形状很像焊趾或焊根处的裂纹形状，寿命积分的计算结果只能是一个近似的估计。

（2）初始裂纹的假定问题　对 Paris 公式进行积分运算时，积分的上限 a_2 是已知的，例如取薄板的厚度，或者取板厚的75%，而积分的下限，即结构的初始裂纹尺寸 a_1 常常是未知的，因此如果利用式（3-8）计算疲劳寿命，则需要假定初始裂纹的尺寸 a_1，而实际上这种假定是相当困难的，甚至可能导致计算结果因人而异。

（3）远场应力的计算问题　工程上，焊接结构的形状与外载荷常常是很复杂的，像图3-2所示的远场应力难以用解析的方法获得，如果采用有限元法计算远场

25

应力，计算结果也可能因人而异，其原因将在第 7 章中给以讨论。

为了克服上述困难，2008 年，国际焊接学会（IIW）推荐了一个关于焊接接头和部件的疲劳设计文件[7]，在这个文件里，分别对 9 种简单的裂纹形状，用 Paris 公式进行了关于寿命的积分运算。它假设了 15 个不同初始裂纹深度作为积分下限，又假设了 15 个不同板厚的 75% 作为积分上限，并假定疲劳寿命为 2×10^6 次，然后逆向推出了允许的应力变化范围值，即与 2×10^6 次寿命对应的疲劳强度。事实上，IIW 这样的处理过程，不过是为一个复杂的问题寻找一个不得已而为之的简单方法，而这个简单方法得到的离散数据不能满足处理复杂工程问题时的数据需要。

综上所述，通过对 Paris 公式的积分运算来获得裂纹开裂次数，逻辑上是成立的，但是一些根本性的困扰一直难以排除，以至于在 2015 年推出的 BS 7608 标准也认为："一般来说，断裂力学不适合用于计算准确的疲劳强度或寿命，这是因为得出的结果在很大程度上依赖于所作出的各种假设，例如在裂纹扩展公式中常量的取值、初始缺陷尺寸和疲劳裂纹形状（例如，对于一个焊趾上的裂纹，它是半椭圆形的，还是直线形的）。在设计阶段，并非所有的这些信息都是可用的，因此如果要定义一个特定的疲劳应力或疲劳寿命，应采取较为保守的假设。"[8]

是什么原因导致了这些困难呢？其实，仔细分析 Paris 公式，不难看出：当如图 3-2 所示的焊接接头给定以后，在变化的外载荷作用下，其焊趾处裂纹的扩展速度应该由裂纹尖端的应力强度因子控制，而理论上，应力强度因子应该由驱动裂纹扩展的裂纹截面应力控制，但是这个裂纹截面应力恰与焊趾处的缺口应力一起构成了一个高度非线性的应力，如果不能从这个高度非线性的应力中将驱动裂纹扩展的裂纹截面应力分离出来，那么基于 Paris 公式的积分运算以获得裂纹扩展寿命是困难的。

3.4　本章小结

本章简要地介绍了一些与断裂力学理论相关的基础知识，其中包括：三种裂纹开裂形式；应力强度因子的定义及内涵；Paris 裂纹扩展微分公式；如何通过对 Paris 公式的积分运算来获得裂纹开裂次数的基本步骤；IIW 文件推荐的简单计算方法，以及试图用断裂力学理论直接推导 S-N 曲线的难点。

事实上，上述难点已经被董平沙教授彻底克服。董平沙教授基于分解的思想，将驱动裂纹扩展的裂纹截面应力从非线性应力中分离出来了，并由此定义了一个新的力学量，即结构应力。结构应力概念的提出，使得通过对 Paris 微分公式的积分运算得到了一致解，并最终获得了对任何焊缝都成立且可以计算出焊缝疲劳寿命的主 S-N 曲线方程。关于如何将结构应力与 Paris 微分公式的积分运算融为一体的内容，将在第 7 章与第 8 章中给以系统性的介绍。

参 考 文 献

［1］ IRWIN G R. FRACTURE DYNAMICS［M］. Cleveland：Fracturing of Metals ASM 1948.

［2］ 徐灏. 疲劳强度［M］. 北京：高等教育出版社，1988.

［3］ 杜庆华. 工程力学手册［M］. 北京：高等教育出版社，1994.

［4］ 高庆. 工程断裂力学［M］. 重庆：重庆大学出版社，1986.

［5］ 赵少汴，王忠保，等. 疲劳设计［M］. 北京：机械工业出版社，1992.

［6］ GURNEY T R. 焊接结构的疲劳［M］. 周殿群，译. 北京：机械工业出版社，1988.

［7］ IIW ⅩⅢ／ⅩⅣ Joint Working Group. Recommendations for fatigue design of welded joints and components：ⅩⅢ-1539-07／ⅩⅤ-1254r4-07 IIW document［S］. Paris：IIW/IIS，2008.

［8］ British Standard Institute. Fatigue design and assessment of steel structures：BS7608-2015［S］. London：BSI，2015.

第 4 章

焊接结构疲劳强度问题的特殊性

大量的历史试验数据表明，焊接接头的疲劳行为与非焊接构件的疲劳行为存在根本的不同，这主要是因为焊接接头的几个公认的特殊性：

1）焊接接头是一种复合结构，材料性能在接头的母材焊缝和热影响区附近会有显著变化。

2）焊接接头处包含了全局和局部的几何不连续性，这使得如何定义用于疲劳评估的局部应力成了问题。

3）焊接接头处包含了焊接过程中引起的残余应力，且残余应力可以达到屈服强度的大小，特别是在平行于焊缝的方向。

正是由于焊接接头的材料非均质特性、几何不连续性及残余应力的存在这三个明显特点（图 4-1），使得焊接接头的设计和分析更为复杂，同时也决定了它的疲劳破坏机理的特殊性，下面将通过对试验数据中所观察到的现象，针对焊接接头的特殊性进一步展开讨论。

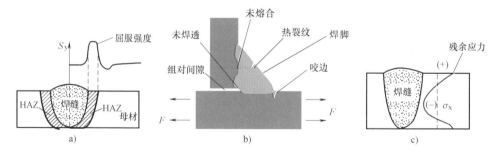

图 4-1 焊接接头的材料非均质、几何不连续性及残余应力

4.1 焊接接头的几何不连续性

焊接接头处通常存在整体和局部不连续（图 4-1b），在焊缝区域易于存在原始

缺陷。一些标准对焊接缺陷的类型有具体的定义，例如未焊透、未熔合、裂纹、夹渣、气孔、咬边等[1]，而且将这些焊接缺陷与对焊接质量的评价相关联。一般说来，焊接质量差的焊缝会存在较多的焊接缺陷，但是这里要特别指出的是：由于焊接接头中的整体和局部不连续性，即使焊接缺陷为零、焊接质量很好的焊缝，在焊趾上也存在局部微观裂纹，通过足够精密的检测仪器就能证明这样的事实。

图4-2来自董平沙教授文献中引用的一份研究报告[2]，该报告指出：采用了放大倍数足够高的仪器以后，在以前认为很完美的焊缝上清楚地观测到了更多的几何细节，其中包括了焊趾上的微裂纹，如图4-2中A处所示。换言之，这一观察结果意味着焊接接头焊趾上不同程度的微小初始裂纹不是因外加载荷作用而萌生的，而是焊接行为本身所导致的。在疲劳载荷施加前微小初始裂纹就已经客观存在这一事实，是焊接结构疲劳问题与金属材料疲劳问题的一个本质性差异。

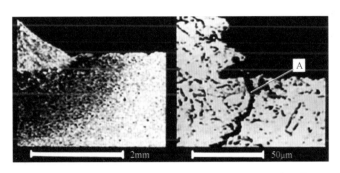

图4-2 不同放大倍数下观察到的同一个焊缝中的细节

比较而言，金属疲劳研究要回答"裂纹从何处萌生"的问题，而对焊接接头来说，它不需要回答这个问题，它没有裂纹萌生过程，在原始焊缝上微裂纹是客观存在的，焊趾处是这样，未焊透的焊根处也是这样。

4.2 焊接接头的疲劳破坏模式

焊接接头的疲劳破坏模式可以归纳为两种[2]：第一种破坏模式是焊缝附近沿板的厚度方向的破坏模式，称为模式A，它的疲劳破坏起始于焊趾；第二种破坏模式是焊缝破坏，称为模式B，它的疲劳破坏起始于焊根，穿过焊缝金属。图4-3给出了这两种疲劳破坏模式的路径，其中既有熔焊的，也有点焊（塞焊）的。

从断裂力学的观点看，模式A疲劳裂纹取决于破坏位置的板截面方向相对于裂纹平面的法向应力分布，而模式B取决于给定的破坏路径所定义的裂纹平面的法向应力分布，或者穿透焊缝，或者穿透熔合线，这取决于实际疲劳测试时观察到的主要裂纹路径。与模式B相比，破坏模式A的 S-N 曲线数据显示出了更少的离散性，原因很简单，模式A裂纹处的应力状态在给定板厚时可以更一致地得到，

29

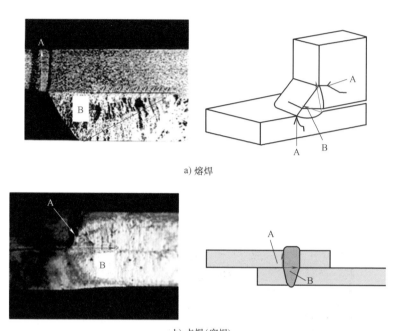

a) 熔焊

b) 点焊(塞焊)

图 4-3　焊缝的两种主要的疲劳失效形式
A—模式 A，侵入母材的焊趾失效或板失效　B—模式 B，从焊根开始沿着焊喉方向的焊缝失效

而与模式 B 的破坏路径相关的应力状态取决于实际焊喉尺寸，即使是试样中的同一条半熔透的焊缝，在焊接方向上的焊喉尺寸都会发生变化。另外，破坏路径的任何变化都会增加数据的离散性。

事实上，正如董平沙教授在文献［2］中所证明的那样，模式 B 的破坏可以通过设计适当的焊缝尺寸和使用适当的焊接工艺予以避免，因此后面主要讨论的是模式 A。

近 20 年里，人们对焊接结构疲劳裂纹的理解已经有了明显的进步，其中包括普遍认识到了焊接接头的疲劳属性与焊接之前的材料的疲劳属性是不同的，因此需要有不同方法以有效地进行焊件的疲劳评估。文献［2］对焊接接头疲劳特征的一个评论是："焊接接头遵循的疲劳失效模式是可以明确区分的，即它可能从何处开始出现裂纹，一旦出现裂纹，裂纹又可能朝着哪个方向发展。在大多数的应用实例中有两种可能性可以描述焊接接头的失效形式：一个是焊趾处的裂纹，另一个是来源于焊根处的裂纹。而对于非焊接结构而言，研究的关注点是什么位置容易产生裂纹，以及裂纹产生后会向哪个方向扩展的问题。"

简言之，在裂纹沿着哪个方向扩展的问题上，对金属材料而言，裂纹扩展没有明显的模式，而对焊接接头而言，它通常的扩展模式则是明确的，裂纹要么从焊趾沿板的厚度方向扩展，要么从焊根开始沿着焊喉方向扩展。

4.3　焊接接头 *S-N* 曲线的特殊性

焊接接头的 *S-N* 曲线的特征完全不同于金属材料的 *S-N* 曲线的特征，认识到这一特殊性很重要。

4.3.1　母材的屈服强度对焊接接头疲劳强度的影响

英国焊接研究所的试验数据证明了母材本身的屈服强度对于焊接接头疲劳特性的影响不明显[3]。图 4-4 给出了该图右上方所示的焊接接头的疲劳试验结果。试验过程中，焊接接头分别使用了不同屈服强度等级的结构钢作为母材：<350MPa，350～400MPa，400～550MPa，670～730MPa。从这些试验数据中可以看出，尽管母材的屈服强度从 350MPa 变化到 730MPa，但是这些 *S-N* 曲线均分布在同一窄带之中。这些试验数据本身具有一定说服力，下面在力学层面上对这一现象给出解释。

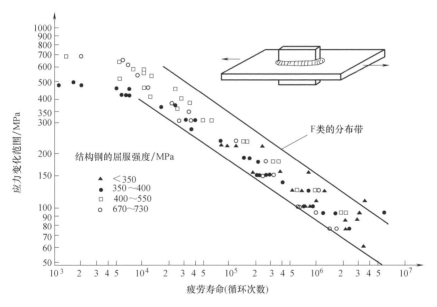

图 4-4　母材屈服强度对 *S-N* 曲线数据影响的试验数据

首先，焊接母材的屈服强度从 350MPa 变化到了 730MPa，它们的其他材料性能没有改变，例如杨氏模量、泊松比，这就意味着在应力与应变的拉伸图上，除了屈服强度有高低之分外曲线斜率没有改变。因此对给定的焊接接头来说，在疲劳载荷也给定的前提下，虽然母材屈服强度的指标改变了，但是并不改变它的名义应力或应力集中的分布，于是根据后面将要介绍的疲劳寿命的计算公式可以看出，因名

31

义应力或应力集中分布不变，它的疲劳寿命或疲劳强度也不会改变。所以当仅考虑疲劳强度这个指标时，试图通过提高母材的屈服强度来提高其抗疲劳能力的目的将不可能达到。

4.3.2 焊接接头 S-N 曲线具有相同的斜率

关于焊接接头 S-N 曲线的特殊性，还有另外一个完全不同于金属材料 S-N 曲线的特征。图 4-5 的上方给出了两个同样金属材料的 S-N 曲线数据对比，一个是光滑试样，一个是有缺口的试样。试验结果表明它们的 S-N 曲线数据的斜率不同。然而这种现象并没有在焊接接头的疲劳试验中出现，大量的统计数据反而表明焊接接头的 S-N 曲线数据中至少在寿命区间内有趋于一致的 S-N 曲线斜率。图 4-5 下方给出了两个焊接接头的 S-N 曲线数据，虽然接头的几何形状完全不同，但是斜率却相同。

在英国标准（BS 7608）、国际焊接学会（IIW）标准等文献中，给出了一批焊接接头的 S-N 曲线数据。它们的几何形状不一样，但是所有的 S-N 曲线却有相同的斜率。这也可以从计算焊接接头疲劳寿命数学公式中给出解释[4]。例如 IIW 给出的疲劳寿命计算公式是：

$$\Delta\sigma^m N = C \tag{4-1}$$

式中，N 是疲劳寿命；$\Delta\sigma$ 是应力变化范围；m 是 S-N 双对数坐标系上的 S-N 曲线反向斜率；C 是取决于焊接接头类型的试验常数。

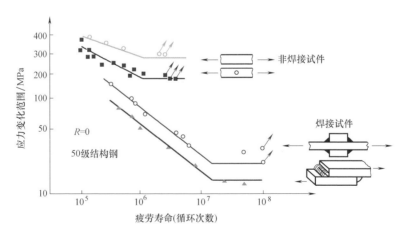

图 4-5 金属材料的 S-N 曲线斜率与焊接接头 S-N 曲线斜率的对比

由于不同的焊接接头有不同的常数值，因此式（4-1）给出的是一系列斜率相同且互相平行的 S-N 曲线族。关于这一点，后面还将看到这也是由裂纹扩展规律所决定的。另外，在文献中还指出：不同的熔焊方法对 S-N 曲线数据的影响也很小[5]。

4.4 焊接接头残余应力对疲劳寿命的影响

在深入讨论焊接结构疲劳强度理论之前，有必要首先深入讨论焊接接头上的残余应力，这不仅是因为残余应力本身所具有的复杂性，以及它导致的焊接接头 *S-N* 曲线的标定与金属材料 *S-N* 曲线的标定的差异性，更重要的是残余应力与疲劳寿命之间还存在另外的不易被接受的特殊性。

众所周知，焊接过程是十分复杂的热过程，其中焊后高达材料屈服强度的残余应力的存在，使得焊接结构设计师普遍感到本就复杂的问题变得更加复杂了[6]。然而对于以工程应用为目的的疲劳评估，残余应力的影响可以包含在焊接接头疲劳数据（或 *S-N* 曲线）里面，BS 7608：2014+A1：2015《钢结构抗疲劳设计与评估》或其他规范和标准所提供的焊接接头 *S-N* 曲线数据就是这样做的。要做到这一点，焊接部件的疲劳试样应具有足够大的尺寸，以保持焊后残余应力的存在。图 4-6 所示的对接试样，宽度 W 与厚度 t 的比等于或大于 10，无论是在纵向的，还是横向的残余应力，都可以看出其值已经达到或接近屈服强度。要求这样制作试样的目的有两个：一是保留试样的全部焊接残余应力；二是保持结构的约束条件。这两者都是重要的，在结构疲劳寿命评估时，实验室使用的测试试样的焊接接头应满足上述条件。

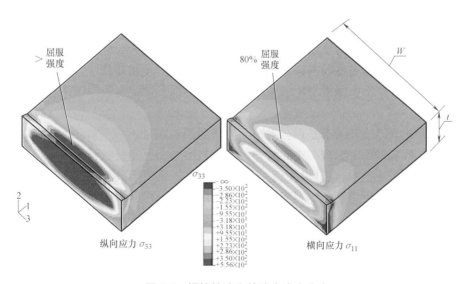

图 4-6 焊接接头上的残余应力分布

Gurney 博士已经通过试验数据证明，只要试样具有足够大的尺寸，采用这样的疲劳试验数据进行分析时，应力比与疲劳寿命之间并没有明显的依赖关系，因此采用应力变化范围为参数，就没有必要再单独考虑焊接残余应力对疲劳寿命的影响。

自平衡的焊接结构残余应力还具有以下特殊性：

首先是残余应力与应力比的特殊关系。应力比 R 是一次循环中最小应力与最大应力之比。研究金属疲劳时，应力比是很重要的参数，因为不同的应力比对应不同的 S-N 曲线数据。为了研究应力比的影响，英国焊接研究所（TWI）曾对一批原始焊态的焊接接头做了大量的试验研究，结果表明：①不管焊接接头上的残余应力分布如何，焊缝焊趾上的残余应力的数值已经达到了材料的屈服强度；②正是由于残余应力数值达到了材料的屈服强度，因而应力比 R 对疲劳寿命的影响已经不再重要。上述两点是非常重要的研究结论，为了解释这一现象，Gurney 博士还用图 4-7 给出了补充，从图中可以看到，由于高残余应力所致，不管 R 如何，应力总是从屈服点向下摆动[7]。

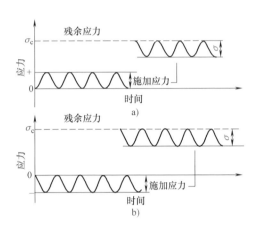

图 4-7　应力从屈服点向下摆动示意

图 4-8 给出的是英国焊接研究所关于一组角焊缝接头的不同应力比的疲劳试验数据，对称循环（$R=-1$）、正的脉动循环（$R=0$）及负的脉动循环（$R=\infty$）的疲劳试验数据都分布在同一窄带里，这一现象在研究金属疲劳强度的方法中看不到。

在这一点上，Maddox 在 1995 年发表的数据也证明了应力比对于焊接接头疲劳强度的影响并不重要的结论。图 4-9 中的数据表明，5 种不同应力比的试验数据都落在一条窄带里，图 4-10 则给出了另外一组试验数据，5 种不同的平均应力的试验数据也都落在同一条窄带里。

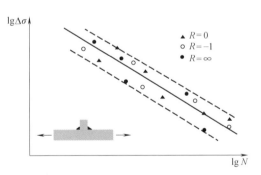

图 4-8　应力循环特性对 S-N 曲线
数据影响的试验数据

除了试验数据以外，董平沙教授还从另外一个角度对此给出了力学解释："外载荷引起的疲劳应力和焊接引起的残余应力不是简单的叠加关系，因为前者由力控制，后者由位移或应变控制。随着裂纹的扩展，由位移控制的残余应力迅速下降，由外力引起的疲劳应力将迅速增加，因此对比之下，残余应力对疲劳寿命的影响是次要的。"本书第 8 章的图 8-5 还给出了相应的图示。

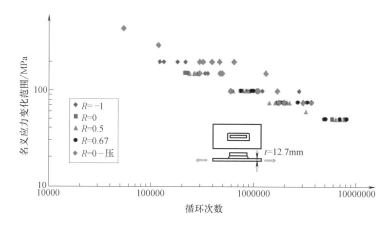

图 4-9　不同应力比的试验数据

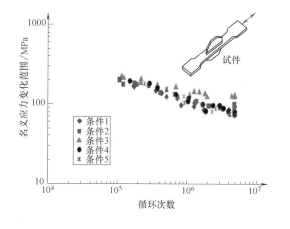

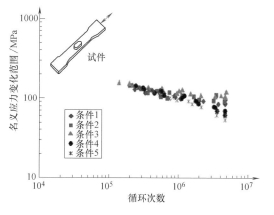

图 4-10　不同平均应力的试验数据

如上所述，由于残余应力的存在，应力比这个参数已经不再重要，因此继续用修正 Goodman 图来评估焊接结构的疲劳强度是不合适的。当前，国际焊接界关于焊接结构疲劳评估的标准都采用了与平均应力无关的参数来度量其抗疲劳能力，而这个参数就是应力变化范围，它的定义是一次应力循环中最大应力与最小应力之差。

除了应力比之外，还有另外一个被普遍关注的问题，即：残余应力对焊接结构疲劳寿命的影响。虽然在计算疲劳寿命时，残余应力对疲劳寿命的影响已经包含在疲劳试验的数据中而不需要另外考虑，但是关于残余应力的存在对焊接结构疲劳寿命的影响究竟有多大，这的确让许多研究者困惑很久。围绕这一问题的研究文献很多，看法并不一致。为此，日本的增渊兴一在他 1985 年出版的专著《焊接结构分析》中就曾这样评论过："残余应力如何影响疲劳强度仍然是科学家争论的问题"[8]。

考虑裂纹扩展寿命的一系列控制良好的测试样本，董平沙教授认为，当初始裂纹位于拉伸残余应力区域时，试样的疲劳寿命并没有明显短于当初始裂纹位于无残余应力区域的试样的疲劳寿命[2]。然而当初始裂纹位于压缩残余应力区域时试样的疲劳寿命显著增加，但对于焊接结构而言，要产生分布良好的残余压应力几乎是很难实现的（指在没有任何焊后机械加工的情况下，例如锤击等）。

为什么会对残余应力这个问题有如此多的争论呢？一个合乎逻辑的感性推理是，在很高的焊接残余拉应力客观存在时，人们会很容易地产生这样的一种感觉，当它在焊趾上与外加的拉伸应力叠加以后，一定会加速疲劳失效的进程，这自然不利于疲劳寿命。例如，有的文献就曾经这样认为："应力集中和焊接残余应力是影响焊接接头疲劳强度的两个最主要的因素，焊接过程常常产生拉伸残余应力，拉伸残余应力相当于增加了拉伸平均应力，一般会使疲劳强度降低。因此采用热处理方法消除或减少残余应力，可以提高焊接接头的疲劳强度。"关于用热处理的方法消除或减少残余应力是否能够提高焊接接头的疲劳寿命，也是一个有争论的话题，本书将在第 5 章中用一个案例给予说明。

残余应力对焊接结构的疲劳寿命的影响到底是很大还是不显著？要给出一个让人信服的答案，第一，需要用足够多的试验数据来证明，在这一点上，董平沙教授拥有非常丰富的焊接接头疲劳试验数据库。根据这些数据，董平沙教授给出了答案："过去数量较少的试验数据不足以给出规律性结论，通过大量的统计数据表明，与应力集中相比较，残余应力对焊接结构疲劳寿命的影响很小。"[9]另外在2012 年的法国标准中也明确指出："残余应力不是影响疲劳结果的主要参量"[10]。第二，残余应力对焊接结构疲劳寿命的影响很小的结论也需要理论上的证明。怎样用理论证明？在第 8 章中关于计算疲劳寿命的主 S-N 曲线公式的推导过程中可以看到：裂纹扩展过程中，载荷控制的应力对应力强度因子的影响显著，而位移控制的影响则不显著，载荷控制与外载荷所引起的应力相关，而残余应力对疲劳裂纹的影响是受位移控制的。

4.5　本章小结

　　基于对许多文献的归纳，本章给出了焊接结构疲劳问题特殊性的主要特征。焊接结构焊趾处的微裂纹的客观存在是焊接行为的固有特征，因此它没有裂纹萌生过程，而金属疲劳不是这样。焊接结构母材的屈服强度对于焊接接头疲劳特性的影响不明显。在焊接接头疲劳试验获得的对数坐标系下的 S-N 曲线数据中，至少在寿命区间内，有趋于一致的特有斜率，而金属疲劳不是这样。焊接接头的 S-N 曲线数据中，平均应力没有显著的影响，而金属疲劳也不是这样。最后一点，焊接残余应力已经被包括在试验数据里，因此在计算疲劳寿命时不需再另外考虑，而残余应力对焊接结构疲劳寿命的影响也不显著，其原因将在第 5 章中给予进一步讨论。

　　总之，不同于金属材料疲劳问题的上述特殊性，导致了其研究的理论与方法也不同。

参 考 文 献

［1］　全国焊接标准化技术委员会. 钢的弧焊接头　缺陷质量分级指南：GB/T 19418—2003 ［S］. 北京：中国标准出版社，2003.

［2］　DONG P S, HONG J K, OSAGE D A, et al. The master S-N curve method an implementation for fatigue evaluation of welded components in the ASME B&PV Code Section Viii, Division 2 And API579-1/ASME FFS-1 ［M］. New York：WRC Bulletin, 2010.

［3］　Fatigue design and assessment of steel structures：BS 7608：2014＋A1：2015 ［S］. London：British Standard Institute, 2015.

［4］　Recommendations for fatigue design of welded joints and components：XIII -1539-07/ XV -1254r4-07 IIW document ［S］. Paris：IIW/IIS, 2008.

［5］　RADAJ D, SONSINO C M, FRICKE W. Fatigue assessment of welded joints by local approaches ［M］, Cambridge：Woodhead Publishing, 2006.

［6］　拉达伊 D. 焊接热效应—温度场、残余应力、变形 ［M］. 熊第京，等译. 北京：机械工业出版社，1997.

［7］　格尔内 T R. 焊接结构的疲劳 ［M］. 周殿群，译. 北京：机械工业出版社，1988.

［8］　增渊兴一. 焊接结构分析 ［M］. 张伟昌，等译. 北京：机械工业出版社，1985.

［9］　ZHANG J, DONG P S. Residual stresses in welded moment frames and implications for structural performance ［J］. Journal of structural engineering, 2000, 126（3）：306-315.

［10］　Guide for application of the mesh insensitive methodology Welded steel plates of ship and offshore structures：NT-3199：2012. ［S］, Seine：Bureau Veritas, 2012.

第 5 章

焊后残余应力的特殊性

在第 4 章中已经指出："不同于金属材料的疲劳问题，焊接结构的疲劳问题有自己的特殊性，其中一个重要的特殊性是焊后存在很高的残余应力"。在这一章里，还给出了一些结论性的判断："在评估焊接结构的疲劳强度时，应力比这个参数不再重要，修正 Goodman 图不再适用"；"焊后残余应力对疲劳寿命的影响很小"；"因为焊后残余应力是位移控制的应力，因此它对疲劳寿命的影响很小"[1]。

然而调查表明，对上述问题仅给出这样的结论似乎不能令人满意，因此在本章里对上述问题进行追根溯源的讨论，即关于焊后残余应力特殊性的再讨论，讨论的主要内容包括：焊接热过程产生残余应力的力学模型与机理；焊后残余应力属于位移控制的近似理论解释；焊后残余应力塑性区域弹性卸载的近似理论解释；关于焊后热处理去除残余应力的一个认识误区的澄清。为了对这些问题讨论得系统一些，下面将扼要地介绍一些相关的基础知识作为本章讨论的导引。

5.1 材料的屈服强度及其特点

5.1.1 材料的屈服强度

力学上对屈服强度的定义：金属材料在外力作用下，当内部产生的应力达到一定水平时，材料发生屈服，或者出现塑性变形，这个水平的应力 σ_y 即称之为材料的屈服强度。当应力超过弹性极限进入屈服阶段后，会有一个较小的塑性变形区域。一般情况下，在这个小区域内，外力增加仅导致应变增加，而应力并不增加。有明显屈服阶段的材料应力-应变关系如图 5-1 所示。

5.1.2 材料弹塑性问题的本构关系

力学上，本构关系指的是材料的应力与应变之间的函

图 5-1 有明显屈服阶段的材料应力-应变关系

数关系。弹塑性的本构关系有不同的表示方式，这取决于材料本构关系用哪一种函数来表达应力与应变之间的关系，而不同的材料本构关系定义了不同的弹塑性模型。结构钢最常用的是理想弹塑性（Elastic-perfectly plastic）的本构关系，它认为当材料的工作应力达到屈服强度后，应变强化效应并不明显，因此可以将塑性段简化为如图 5-2 所示的一水平线。材料在经弹性变形阶段之后就进入塑性状态，塑性变形在屈服应力的作用下，可以无约束地发展，这个发展是真实塑性区域的扩大与后延。

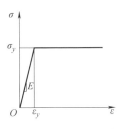

图 5-2　理想弹塑性的本构关系

　　另外，材料在塑性阶段后应变强化效应显著的情况下，理想弹塑性模型不再适用，因此有弹线性强化的本构关系（双线性关系模型），或者有弹幂次强化模型的本构关系（幂次强化模型）。文献［2］对材料弹塑性问题的本构关系有详细的介绍，这里不再重复介绍。

5.1.3　弹塑性分析的一个简单实例

　　下面给出的弹塑性分析实例来自隋允康教授关于梁的弹塑性弯曲理论的论述[3]。之所以选择梁的弹塑性弯曲作为案例，原因是在后面讨论关于低周疲劳的问题时也要用到。

　　现在，假设如图 5-3a 所示的梁具有如图 5-2 所示的理想弹塑性的本构关系，该梁在外力 F 的作用下产生弯曲，如果 F 较小，梁中最大弯矩产生的应力小于材料的屈服强度，梁截面上的最大应力分布如图 5-3b 所示，这时梁处于线弹性状态。如果 F 增加到使梁中最大弯矩产生的应力等于材料的屈服强度，这时梁处于弹塑性状态，梁截面上的应力分布如图 5-3c 所示，最大应力截面上既有弹性区域也有塑性区域。如果 F 继续增加，这仅导致塑性区域的增加，而应力不再增加，且维持在材料的屈服强度水平上，这就是理想弹塑性材料的一个特点，工程上焊接结构的材料均可以认为具有这样的特点。

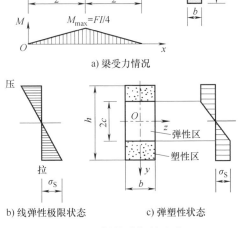

a) 梁受力情况

b) 线弹性极限状态　　c) 弹塑性状态

图 5-3　梁的弹塑性弯曲

39

5.1.4　内力与应力的物理属性

教科书上，内力与应力的概念是相当清楚的，然而从逻辑关系上看，不同属性的内力将产生不同属性的应力。

还是以图 5-3a 所示的中部作用一个垂向载荷 F 的简支梁为例，在线弹性范围内，它可以产生如图 5-3b 所示的内力与应力。现在，假设去掉载荷 F，梁被均匀加热，温升可以在梁内产生均匀的温度内力与应力。如果再假设去掉梁上载荷 F，让梁的右端支座获得一个水平方向上的位移，它也可以在梁内产生内力与应力，这与有限元方法中基于指定位移求解内力的道理是一样的。基于上述分析可以看出，相对于产生应力的内力而言，应力与内力都是具有物理属性的，之所以在这里提出内力与应力的物理属性问题，因为后面将要看到，应力物理属性不同，对焊缝裂纹疲劳扩展的影响也截然不同。

5.2　焊接热过程产生残余应力的机理

5.2.1　焊接热过程与残余应力

正如一系列文献所描述的那样[4-8]，热过程伴随焊接过程的始终，而且过程十分复杂，其复杂性主要表现在：焊接热过程的局部性或不均匀性；焊接热过程非稳态的瞬时性，以及在这个过程中焊接热源做相对运动而导致的不稳定性。由于问题的复杂性，使得许多复杂的理论问题直到现在也没有得到很好的解决，而焊接热过程，依然是国际焊接界研究的热点问题之一[9]。

然而，热过程虽然复杂，但是热过程产生残余应力的机理是清晰的。关于这个问题，英国焊接研究所的 Dr. Gurney 在他的专著《焊接结构的疲劳》[6] 中的解释就具有代表性：大多数焊接过程是一个输入热能的过程。焊接热输入引起材料不均匀局部加热，使焊缝区熔化；与熔池毗邻的高温区材料的热膨胀则受到周围材料的限制，产生不均匀的压缩塑性变形；在冷却过程中，已发生塑性变形的这部分材料（如长焊缝的两侧）又受到周围条件的制约，而不能自由收缩，在不同程度上被拉伸形成拉应力；与此同时，熔池凝固，形成的焊缝金属冷却收缩受阻时也将产生相应的拉应力。这样，在焊接接头区产生了缩短的不协调应变，与其相对应，在构件中会形成自身相平衡的内应力，通称为焊接瞬态应力；而焊后，热应力消失，在室温条件下残留于焊件中的内应力称为焊后残余应力。

需要注意的是，焊后产生的残余应力不是热应力，然而焊接热过程中，热变形与塑性变形同时存在，且在热变形与塑性变形之间将产生一种变形协调体系。当焊件冷却以后，热变形一定消失，而塑性变形则被保留。然而塑性变形自己不能满足上述协调条件，因而形成了另外一种协调体系，即新的塑性变形协调体系。

可见，没有残余的塑性变形，就不可能产生残余应力。反之，因为有了残余的塑性变形，残余应力才高达材料的屈服强度。这与董平沙教授给出的结论是一致的，即：产生任何残余应力的必要和充分条件是存在局部塑性变形。焊接中，局部塑性变形产生原因是存在严重的温度梯度而导致较高的热应力，并超出焊接过程中的屈服强度[10]。

5.2.2　残余应力发展过程的热力学模型[10]

为了证明产生任何残余应力的必要和充分条件是存在局部塑性变形，董平沙教授认为有必要首先清楚地理解焊后残余应力的发展过程是一个有约束的热力学过程，因此他创建了一个十分简单但是机理却普遍适用的单杆及三杆热力学模型来说明残余应力的发展过程。

1. 残余应力发展过程的热力学单杆模型

如图 5-4a 所示，假设一个长为 L_o 的金属杆两端被约束，使得加热后不能实现线性膨胀伸长。

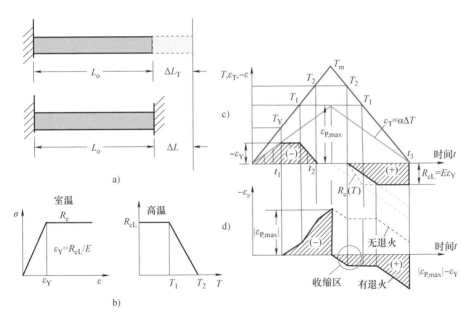

图 5-4　残余应力发展过程的热力学单杆模型

假设环境温度（$T=0$）下钢杆均匀受热，首先随着时间线性增加直到熔化温度（$T=T_m$），然后线性降低到室温（见图 5-4c）。进一步假定，钢杆的应力-应变行为遵循弹性-理想塑性，屈服强度（R_{eL}）与温度成函数关系，如图 5-4b 所示。

根据塑性增量理论，任何可测量的总应变增量 $\Delta\varepsilon$ 可以按增量形式分解为以下应变分量之和：

$$\Delta\varepsilon = \Delta\varepsilon_e + \Delta\varepsilon_p + \Delta\varepsilon_T + \Delta\varepsilon_{Tr} \tag{5-1}$$

式中，$\Delta\varepsilon_e$、$\Delta\varepsilon_p$、$\Delta\varepsilon_T$ 和 $\Delta\varepsilon_{Tr}$ 分别是弹性应变增量、塑性应变增量、温度应变增量和相变诱导应变增量。

在完全约束条件下，整个加热和冷却阶段都必须保持 $\Delta\varepsilon = 0$。任何时刻式（5-1）中产生的应变分配仅取决于热机械过程以及生成的应变增量类型。例如，在初始温度较低时，仅存在弹性应变 $\Delta\varepsilon_e$ 和热应变 $\Delta\varepsilon_T$，在一维应力状态得出 $\Delta\varepsilon_e = -\Delta\varepsilon_T$ 或 $\Delta\sigma = -\alpha\theta E$，如图 5-4c 中的阴影区域所示。请注意，$\alpha$ 和 E 分别是材料的线胀系数和杨氏模量。为简化处理，在整个加热和冷却周期中均假定为常数。随着杆温度的持续升高，杆中的压应力达到材料的屈服强度（R_{eL}）。此时，对应的压缩弹性应变为 $\varepsilon_Y = R_{eL}/E$，屈服点对应的温度为 $T_Y = \varepsilon_Y/\alpha$。据此可以预测，如果杆材为低碳结构钢，在完全约束条件下，屈服温度 T_Y（$=\varepsilon_Y/\alpha$）仅为 154°F（68℃）。

超过 T_Y 温度的进一步加热不会导致应力或弹性应变的变化，直到 T_1 为止。然而，如图 5-4c 所示，温度升高导致的热应变的增加全部与压缩塑性应变 ε_p 的增加相等。温度从 T_1 到 T_2 持续升高，材料的屈服强度随着温度的升高呈线性下降，并在 T_2 时接近零强度状态。该过程中塑性应变的发展可通过图 5-4d 中总热应变与弹性应变（阴影区域）之间的差值确定。图 5-4d 所示从 T_2 到 T_m，所有热应变变成塑性应变并达到最大值。在 $T = T_m$ 时，材料从固态变为液态，塑性应变定义不再存在，导致塑性应变为零（有退火）或冷却后恢复为材料原始状态。

在从 T_m 开始的冷却阶段，可以通过将 $\varepsilon_T = \alpha T$ 的标线垂直向下移动到零弹性应变位置来测量热应变的降低，这标志着收缩阶段的开始（图 5-4d）。由于材料的零强度，所有收缩应变在 T_m 之后变为塑性应变，直到冷却至 $T = T_2$。在焊接的情况下，这是一些材料容易发生热裂的区域。持续的拉伸塑性应变可以通过将该线与图 5-4c 包络阴影区域的弹性应变线之间的差值确定。如图 5-4c 所示，预测的最终残余应力值正好为屈服强度（$\sigma = R_{eL} = E\varepsilon_Y$）。塑性应变的值是 $\varepsilon_{P,max} - \varepsilon_Y$，为拉应变。

同样，固态相变（也称为转变可塑性）对残余应力发展的一般影响也可以被阐明：具有低屈服强度的材料，在足够高的温度下发生相变可塑性，其对室温下的最终残余应力的影响通常并不显著。

2. 焊接残余应力发展过程的热力学三杆模型

该三杆模型与图 5-5 所示的对接接头上残余应力的发展过程是一致的，即焊缝的纵向残余应力 σ_y 的发展过程可由该三杆模型来说明。

焊缝与图 5-6 的第 2 个截面积为 A_2 的杆对应，两侧的母材与第 1、第 3 个杆对应。材料的杨氏模量为 E。

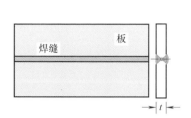

图 5-5 与三杆热力学模型一致的对接焊接接头示意

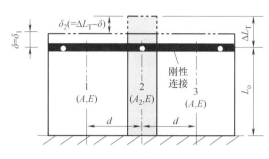

图 5-6 热力学三杆模型

为了简单起见，假设杆 1 和杆 3 的截面相同，即 $A_1 = A_3 = A$，并假设杆长度均为 L_o。杆 2 被加热时，三个杆的位移条件可以被认为是维持在一个平面上的刚性连接。这些位移条件可以写为：

$$\delta_1 = \delta_3 = \delta$$
$$\delta_2 = \Delta L_T - \delta$$

式中，ΔL_T 为杆 2 在自由状态下加热后的伸长量，三杆刚性连接条件下杆 1 和杆 3 的伸长量为 δ。于是，y 方向的平衡条件可以写成：

$$\sum F_y = 0 \Rightarrow F_1 - F_2 + F_3 = 0$$
$$\sum M_2 = 0 \Rightarrow F_1 d - F_3 d = 0$$

根据杆的材料力学理论，下式成立：

$$F_1 = F_3 = \frac{EA\delta}{L_o}$$

$$F_2 = -\frac{EA(\Delta L_T - \delta)}{L_o + \Delta L_T}$$

对上式联立求解，得：

$$\delta_1 = \delta_3 = \delta = \frac{A_2 \Delta L_T}{2A + A_2}$$

$$\delta_2 = \frac{2A \Delta L_T}{2A + A_2}$$

式中，δ_2 在压缩时达到最大。相应的应变可以通过简单地将位移除以 L_o 来计算：

$$\varepsilon_2 = \frac{\delta_2}{L_o} = -\frac{2A\alpha\theta}{2A + A_2}$$

随着杆 2 中温度的继续升高，可以通过设置 $\varepsilon_2 = \varepsilon_Y$ 来获得导致杆 2 屈服的临界温差。可以根据不同的 A 值计算出不同的临界值 T_Y：

$$A = 2A_2 \Rightarrow T_Y = 193F$$
$$A = 5A_2 \Rightarrow T_Y = 169F$$

43

$$A \gg A_2 \Rightarrow T_Y \rightarrow 154F$$

即使在 $A = 5A_2$ 时，T_Y 也相当接近于 $A \gg A_2$ 对应的值。这表明，在实际部件的典型焊接中，可以很容易地达到图 5-6 所示的完全约束条件。最终产生的热应力分布可以通过平衡条件来计算，即

$$\sigma_2 = -R_{eL}$$

$$\sigma_1 = \sigma_3 = \frac{A_2 R_{eL}}{2A + A_2} \tag{5-2}$$

如前文所述，返回到室温后，要产生屈服强度量级的残余应力所需的温度是屈服温度的两倍，即 $2T_Y$。超过 $2T_Y$ 时，热应变增量会全部计入压缩过程中的塑性应变增量。冷却到室温时，会表现出反向拉伸塑性应变（见图 5-4d）。

在室温下，图 5-5 中的焊缝可以用图 5-7 中的三杆模型予以解释。如果刚性连杆未断开，杆 1 和杆 2 将返回 O-O 位置，因为在整个加热和冷却过程中，杆 1 或杆 3 均未发生塑性变形。若 $2T_Y$ 的条件可以满足，则杆 2 将缩短 $L_0 \varepsilon_Y$。根据平衡条件（现已附加刚性连接）得出的残余应力分布可以用与得出式（5-2）相同的方式计算，如下：

$$\sigma_2 = R_{eL}$$

$$\sigma_1 = \sigma_3 = -\frac{A_2 R_{eL}}{2A + A_2}$$

该式给出了杆 2（或焊缝区域）内屈服强度量级的拉伸残余应力和焊缝区域之外的压缩残余应力。对于有限尺寸的板，δ（图 5-7）表示三杆系统的收缩率。这种残余应力分布特征［式（5-2）所示］一定出现在实际的焊接结构中。

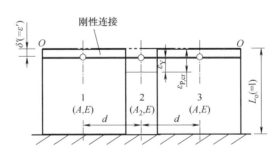

图 5-7　室温条件下焊缝的三杆模型示意图

5.3　焊后残余应力的位移控制属性

在上一节的讨论中，其实已经表明了残余应力是由位移控制的应力。为了加深理解，下面用 Dr. Gurney 专著中的一个例子再次说明焊后残余应力是位移控制的应力[7]。

图 5-8 所示是一个对接的焊接接头，中间黑条代表焊缝，两侧代表母材。图 5-8a 代表对接接头加热状态，在这种状态下焊缝与母材长度是一样的。图 5-8b 代表的是假设母材对焊缝冷却收缩没有位移约束，焊缝收缩变短的状态。事实上，焊缝与母材是不可能互相分开的，因此母材实际上对焊缝冷却收缩一定有位移约束，位移约束的状态如图 5-8c 所示，在这个状态下，母材对焊缝的位移约束不允许焊缝收缩到图 5-8b 的状态，同时，母材对焊缝产生拉力（如图中粗箭头所示），该拉力使焊缝产生塑性变形而进入它的屈服状态。而母材约束焊缝的收缩，使母材获得了与焊缝拉力方向相反的压力（如图中细箭头所示）。当接头冷却到室温状态时，如图 5-8d 所示，塑性变形使这两个内力将处于平衡状态，或者表现为焊后残余应力自平衡，且对焊缝而言具有变形的一致性。这两个互相平衡的内力在焊缝与母材上将产生如图 5-8e 与 f 所示的焊后残余应力分布，而没有位移的协调，就没有焊后残余应力。

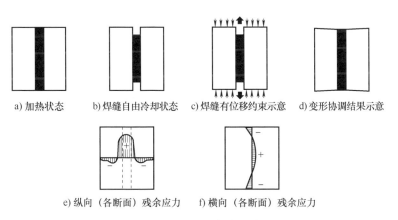

a) 加热状态　　b) 焊缝自由冷却状态　c) 焊缝有位移约束示意　d) 变形协调结果示意

e) 纵向（各断面）残余应力　　f) 横向（各断面）残余应力

图 5-8　焊缝周围残余应力的形成

5.4　有焊后残余应力的焊接构件的继续承载问题

这个问题，其实是本书前言中提到的那个问题：焊后残余应力高达材料的屈服强度后还能否继续承载的问题。

关于这个问题，Gurney 博士认为："只要材料具有塑性，残余应力不会影响其承载能力，因为这些残余应力必然是自平衡的。""如果它们在某一点上叠加，那么它们在另一点必然是符号相反。当它们在某一点的叠加应力达到屈服点时，那个点就不会进一步承担载荷了，但会把过量载荷重新分配给其他区域，但那并不说明结构的承载能力用尽了。在整个截面或者几个截面变成塑性以前是不会发生破坏的。"[7]

有一种情况则需要小心处理，即在静态压力载荷作用下，如果焊接构件是比较容易发生屈曲的构件，例如薄板组焊构件、细长构件等，由于焊后残余压应力的存在，它将降低焊接构件发生屈曲的门槛，或者将降低屈曲载荷的临界值。

下面用一个实例讨论焊接构件的弹性卸载问题，该实例也来自于 Gurney 博士的文献［6］。在这个文献里，首先，他假设有一个如图 5-9a 所示的理想弹塑性试件，且焊后残余应力具有如图 5-9b 那样的分布，然后假设一个外载荷使试样获得了一个如图 5-9c 所示的均匀分布的拉应力（注意，考虑到对称性，该图是试样的一半），于是当这两种应力分布叠加起来时（图 5-9d），如果试样全部保持弹性，应力一定会像曲线②所表示的那样超过屈服应力，但这是不可能的，因为塑性区域的存在，使得应力不可能增大，而多余的载荷就会从这个区域卸除到试样中仍旧弹性的部分，这一现象极为重要，因此曲线③是最后的应力分布，且试样宽度上应力的总和等于外加的载荷。当外部载荷取消时，全部试样产生弹性卸载，留下的是改变的残余应力分布（曲线④），曲线③和曲线④之间的距离等于施加的应力（图 5-9c），在这种情况下，这些应力在试样上是均匀的。重新加上外部载荷，应力分布又回到曲线③的状态，因此在这种疲劳载荷作用下，最后的结果是应力在曲线③和曲线④之间来回脉动。

如果试样承受有同样的应力幅值但名义平均应力不同的外力作用时，也会得到类似的结果。例如，图 5-9e 是交变载荷作用后得到的结果；图 5-9f 是半拉伸载荷作用后得到的结果。这些结果表明：

1）如图 5-9 所示，在宽度 AB 上，因塑性区的存在，超出屈服应力是不可能的，因此多余的载荷就从这个区域卸除到试样中仍然为弹性的部分。

2）不管是与图 5-9e 对应的 R=-1，还是与图 5-9f 对应的 R=0，最后的应力分布都是曲线③的样子。

3）试样宽度上应力的总和等于外加载荷。当外加载荷去掉以后，全部试样产生弹性卸载，留下的是残余应力分布的改变（曲线④）。

4）曲线③与④之间的距离等于施加的应力的幅值，与应力循环特性无关。

正如文献所指出的那样，上述分析是一个近似的理论分析，但是其中蕴含的客观规律却是有普遍指导意义的，即不管施加应力循环特性如何，外部载荷产生的应力不可能与残余应力叠加。

为了进一步理解外加疲劳应力与焊后残余应力的关系，董平沙教授对应力变化范围相同，但是应力循环特性不同的三种情况，分别进行了讨论，如图 5-10 所示。

第一种情况：假设 R=0，因为焊后残余应力达到屈服应力，这时，外加的脉动循环应力波形的第一部分首先进入这个塑性区域，在进入的过程中，应力均不再增长，如图 5-10 中对应的红色短线所示，过了这一区域后，外加循环应力自己开始向下摆动，即开始所谓的弹性卸载。

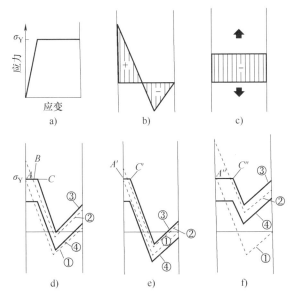

图 5-9　外部应力对有残余应力构件的影响示意

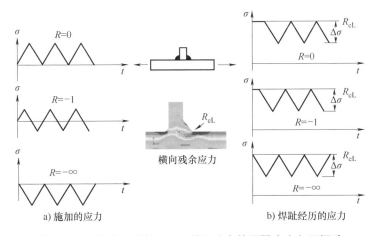

图 5-10　不同应力特性（R）并不改变从屈服应力向下摆动

　　第二种情况：假设 $R = -1$，因为焊后残余应力达到屈服应力，这时，外加的对称循环应力波形的第一部分首先进入塑性区域，在进入的过程中，应力均不再增大，如图 5-10 中稍短的红线所示，过了这一区域后，外加的循环应力自己开始向下摆动，即开始所谓的弹性卸载。

　　第三种情况：假设 $R = -\infty$，因为焊后残余应力达到屈服应力，这时，外加的负的脉动循环应力波形的第一点首先进入塑性区域，在这一点上，应力也不再增大，如图 5-10 中的一个红点所示，过了这一点后，外加的循环应力自己开始向下摆动，即开始所谓的弹性卸载。

比较图 5-10 所示的三种外加应力循环，由于焊后残余应力的存在，尽管 R 值不同，但是应力弹性卸载的波形完全相同，即均以应力变化范围从屈服应力向下摆动。显然，董平沙教授理想化的解释与 Gurney 的理想化解释是一致的。

这里有一点需要特别指出，图 5-10 还有另外一层含义，与焊接过程中产生的塑性区域的尺寸相比，外加应力产生的塑性变形是非常小的，外加应力仅在第一个波形的开始阶段对塑性区有影响，在随后的应力时间历程上，外加应力始终处于弹性卸载状态。因此开始阶段的这个影响所引起的塑性区尺寸的变化可以完全忽略不计。事实上，这个变化也不可能很大[11]。

5.5　焊后热处理去除残余应力的认识误区与澄清

5.5.1　焊后热处理与去除残余应力

对大部分结构钢来说，所谓的焊后热处理（post welding hot tratment，PWHT），指的是焊后去应力退火处理。由于焊后存在残余应力，因此许多人认为残余应力总是对疲劳有害的。然而文献［7］指出："把焊接结构中发生的破坏，自然地归咎于残余应力的影响，这种看法并没有几年。但最近的研究已经趋向于要证明那种观点是一个误解。"虽然在本书第 1 版中，董平沙教授已经用数据给出了焊后残余应力对疲劳强度影响很小的结论，可时至今日，还是有些企业担心焊后残余应力的存在对结构的疲劳强度有害，因此采用焊后热处理工艺方案去除焊后残余应力就成了这些企业企图提高焊接结构疲劳强度的一个选项。

事实上，这是一个答案并不唯一的问题，以轨道车辆转向架上承受疲劳载荷的焊接构架为例，关于是否需采用焊后热处理工艺方案来提高焊接构架的疲劳强度，国外两个著名企业的态度截然相反，一个企业坚持采用这一方案，而另外一个企业则不采用这一方案。

哪一个企业的做法是科学的呢？其实，各自有各自的道理，因为这也不是一个"非黑即白"的问题，这个问题需要企业以最终目标为导向进行综合决策，然后给出答案，例如，有的企业认为焊后热处理还有利于改善焊接热影响区材料的力学性能，有的企业认为焊后热处理还有利于保持焊接结构的尺寸稳定性等，因此这些企业认为采用热处理方案是值得的。关于企业如何综合决策，毫无疑问超出了本书的讨论范围。但是有另外一个问题却值得现在讨论，这个问题源于对企业的调查，即：一些企业现行的去除焊后残余应力的退火工艺方案偏于保守，已经造成了一些不必要的能源浪费。

理论上，已经证明了热处理的加热过程中，是材料的蠕变行为，去除了材料内部的残余应力，包括焊后残余应力[12-15]。基于这一见解，如果对材料给予充分的加热时间，残余应力可以在理论上被完全去除，然而那却是不可行的，因为温度过高、时间过长，将导致材料软化而失去功能。鉴于此，通常的焊后热处理去除残余应力的执行方案是：将焊接构件加热升高到材料的退火温度，接着保温数小时，然后再缓慢冷却至室温，这个过程不仅可以去除大部分残余应力，也可以改善材料的力学性能，甚至有利于焊接构件尺寸稳定性的保持。现在的问题是：一些焊后去应力退火工艺方案规定的保温时间并不合理，因为深入的研究已经表明：材料的蠕变行为使残余应力松弛的过程是在升温阶段完成的，这一过程与保温时间的长短并不关联，而某些企业的退火工艺方案认为较长的保温时间有利于残余应力的去除，其实这是一种认识上的误解。下面，用一个具有代表性的案例对上述问题展开进一步的讨论。

5.5.2 焊后热处理去除残余应力的案例[12]

图 5-11 所示的是一个焊接箱形梁，该梁的上盖板设计了一条对接焊缝以考察焊后残余应力。为了在热处理过程中控制箱形梁的扭转变形，箱型内布置了若干个抗扭肋板。首先，用同样的焊接工艺制作了一批样件；然后，用小孔法实测热处理前与热处理后上盖板对接焊缝附近的残余应力。接着，创建该箱形梁的有限元模型并进行非线性数值仿真。数值仿真使用的

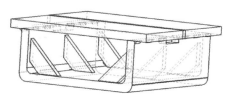

图 5-11 上盖板有对接焊缝的箱形梁

是顺序耦合热应力法，即先进行热分析，得到温度场后将其作为下一步力学分析的输入量。原焊态的残余应力的数值仿真计算结果与实测值基本吻合，从而确认了数值仿真过程的可靠性。然后，设计了四种去应力退火工艺方案，其中方案一参考了某企业现行的工艺方案。

方案一：9h 加温到 550℃，保温 5h，然后用 5h 逐渐冷却到室温。

方案二：3h 加温到 550℃，保温 4h，然后，用 5h 逐渐冷却到室温。

方案三：3h 加温到 575℃，保温 1h，然后，用 5h 逐渐冷却到室温。

方案四：3h 加温到 600℃，保温 0.5h，然后，用 5h 逐渐冷却到室温。

去应力退火过程数值仿真采用的是美国 ASME 压力容器与管道规范中的 Omega 蠕变模型[13]。图 5-12 给出了四种去应力退火方案的上盖板焊缝纵向残余应力随着时间变化的结果，其中黑线为方案一的结果；蓝线为方案二的结果；红线为方案三的结果；黄线为方案四的结果。这些数值仿真结果表明，不管是哪一种方案，试样去应力退火后的残余应力都显著降低，且与实测的应力最低值接近。

仔细研究图 5-12 所示的计算结果后发现：不管是方案一，还是后三个方案，大部分残余应力的去除均发生在升温阶段，这表明在升温加热过程中，焊后残余应

力对应的大部分应变已经转变为材料的蠕动应变，即残余应力因此做功而导致它被释放。

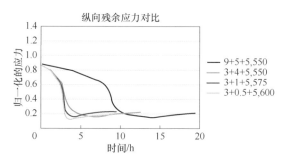

图 5-12　四种去应力退火方案下，焊缝纵向残余应力在时间历程上的变化

在保温阶段开始时，残余应力的释放已经基本结束，因此较长的保温时间不会对残余应力的释放再提供有益的贡献。

这是一个很有工程意义的研究案例，基于这一研究结果，如果以去除焊后残余应力为主要目标，并兼顾材料的力学性能要求，将保温时间适当地缩短的去应力退火方案是有理论支持的，尤其是当焊接构件批量很大时，缩短保温时间的退火方案可以节省很多能源。

5.6　本章小结

本章讨论的内容是在第 1 版的基础上对一些敏感问题的再讨论，归纳一下，再讨论的主要内容包括：

1）利用一个单杆热力学模型和一个三杆热力学模型，解释了焊接热过程产生残余应力的机理。

2）利用一个典型的对接接头焊后残余应力的形成过程，表明了焊后残余应力属于位移控制的应力。

3）利用不同 R 值的疲劳加载模型，给出了因焊后残余应力塑性区的存在，外加应力不可能与焊后残余应力叠加的理由，以及外加载荷一定弹性卸载的理由。

4）给出了外加应力对塑性区域的影响非常小的理由，以至于这些影响可以被完全忽略不计。

5）利用一个典型焊接接头的去应力退火去除残余应力的数值仿真过程，表明了焊后热处理去除残余应力的贡献主要是在升温阶段而不是在保温阶段。

参 考 文 献

[1] 兆文忠，李向伟，董平沙. 焊接结构抗疲劳设计—理论与方法［M］. 北京：机械工业出版

社，2017.

[2]　兆文忠，谢素明，陈秉智，等. 工程结构性能的数值分析及实例 [M]. 北京：机械工业出版社，2019.

[3]　隋允康. 材料力学—杆系变形的发现 [M]. 北京：机械工业出版社，2014.

[4]　田锡唐. 焊接结构 [M]. 北京：机械工业出版社，2014.

[5]　增渊兴一. 焊接结构分析 [M]. 张伟昌，等译. 北京：机械工业出版社，1985.

[6]　格尔内 T R. 焊接结构的疲劳 [M]. 周殿群，译. 北京：机械工业出版社，1988.

[7]　拉达伊 D. 焊接结构疲劳强度 [M]. 郑朝云，张式程，译. 北京：机械工业出版社，1994.

[8]　霍立兴. 焊接结构的断裂行为及评定 [M]. 北京：机械工业出版社，2000.

[9]　方洪渊. 焊接结构学 [M]. 北京：机械工业出版社，2019.

[10]　DONG P S. On repair weld residual stresses and significance to structural integrity [J]. Welding in the World, 2018, 62：351-362.

[11]　DONG, P S. Math-Based Integrated Design and Manufacturing for High Performance Welded Structures [C]//Proceedings of the IIW International. Conference on Technical Trends and Future Prospectives of Welding Technology for Transportation, Land, Sea, Air and Space. Osaka, Japan, 2004.

[12]　DONG P S. Development of Optimum Stress Relieving Post-Weld Heat Treatment Procedure for Rail Vehicle Components [R]. 2014.

[13]　ASME boiler & pressure vessel code：Sec Ⅷ Div 2 [S]. New York：ASME, 2007.

[14]　Guide to Methods of Assessing the Acceptability of Flaws in Metallic Structures：BS7910：2013 (2013). London：British Standards Institution, 2013.

[15]　DONG P S, SONG S, PEI X. An IIW residual stress profile estimation scheme for girth welds in pressure vessel and piping components [J]. Weld World Journal, 2016, 60 (2)：283-298.

第 6 章

焊接结构抗疲劳设计与评估的传统方法

正如前面所提及的，焊接结构疲劳设计与评估是基于大量疲劳试验数据而建立的，因此一些设计与评估标准中所提供的 *S-N* 曲线数据是其中最有价值的内容。

按照 *S-N* 曲线数据类型对疲劳设计与评估方法进行分类将有益于特征比较。按照对应的 *S-N* 曲线的应力类型区分，当前的疲劳设计与疲劳评估方法可以分为两类：第一类是基于名义应力或热点应力的疲劳设计与评估方法；第二类是基于结构应力的疲劳设计与评估方法。比较而言，前者可以称为传统的评估方法，而后者则可以称为新一代的评估方法。

调查表明，国内常用的是第一类方法，即传统的评估方法，其中包括轨道交通装备制造行业，欧洲各国也常用第一类方法，但是从 2007 年开始，第二类方法已经被许多国家和机构所采用，其中包括美国和法国船级社。

本章只讨论第一类评估方法。在第一类方法中，最有代表性的是英国 BS 7608 系列标准中采用的名义应力法以及热点应力法，这些方法已经被欧洲各国广泛采用并写进标准之中，例如现在推出的英国的最新标准 BS 7608：2014+A1：2015，以及国际焊接学会（IIW）的文件 IIW-1823-07ex XII -2151r4-07/ XV -1254r4-07。而为轨道车辆焊接构架专用的日本标准 JIS E 4207：2004 也属于第一类评估方法，因为它的核心数据也是基于名义应力的 *S-N* 曲线数据。

本章将以上述设计与评估标准为载体展开讨论，关于这些标准中详细内容的介绍与解释不是本章的重点。通过对这些设计与评估标准工程应用的梳理，进而讨论包括名义应力法、热点应力法在内的传统方法在评估焊接结构疲劳强度时的适用性与局限性。

6.1 钢结构的抗疲劳设计与评估标准

6.1.1 英国 BS 7608 标准的名义应力法

BS 7608：2014+A1：2015 标准是英国《钢结构抗疲劳设计与评估》的最新版

本[1]。BS 7608 标准中的抗疲劳设计与评估方法的研究，最初是英国焊接研究所在
Gurney 博士的带领下，为了评估焊接接头的质量进行了一系列焊接接头的疲劳试
验，从而通过疲劳试验判断焊接质量属于哪个等级而开展的，后来这些疲劳试验数
据开始被用于土木工程中钢结构的疲劳评估，接着又拓宽到汽车工业等领域钢结构
的疲劳评估。由于它对焊接结构的疲劳评估规定得比较详细，1993 年上升为英国
标准[2]，在基于名义应力法的第一类标准中它最有代表性，BS 7608 评估标准有以
下特点。

1. 证明了疲劳试验数据与材料的屈服强度无关

大量试验数据表明，金属材料的屈服强度高一些，它的疲劳强度也就高一
些[2]，然而焊接结构不是这样。BS 7608 最新版本提供的所有的 S-N 曲线数据的材
料屈服强度适用范围是 200~960MPa，其中"屈服强度 960MPa"这一数据间接地
证明了焊接结构疲劳强度问题有别于材料的疲劳强度问题，与材料的屈服强度高低
无关。关于为什么 S-N 曲线数据与材料本身的屈服强度无关，在第 4 章中已给出了
具体的解释。

2. S-N 曲线试验数据中已经考虑了残余应力等因素的影响

BS 7608 疲劳寿命评估标准有通过大量的疲劳试验获得的 S-N 曲线数据（使用
足够大尺寸的试件，见第 4 章的详细讨论），在这些试验获得的 S-N 曲线数据中，
涵盖了局部应力集中的影响、尺寸与形状的最大允许不连续的影响、裂纹形状的影
响以及某些情况下焊接工艺和焊后处理方法等的影响。这里再次特别强调：由于试
验数据包含了残余应力的影响，因此在使用这类 S-N 曲线数据时，残余应力的影响
不需要另外考虑。虽然试验数据包含了残余应力的影响，但是它并没有独立地给出
发生在焊接接头上的应力集中沿着焊缝的分布以及峰值的具体位置，而这些信息对
以缓解应力集中为目标的抗疲劳设计却特别重要。

3. 提供了焊后提高疲劳强度的焊趾改善技术

BS 7608 标准给出了几个焊后提高疲劳强度的焊趾改善技术，这些技术包括
TIG 重熔、锤击、焊趾打磨等。此外还给出了焊趾改善技术的操作细节。例如，对
于在焊趾处存在潜在疲劳裂纹的焊接接头，可以通过局部机械加工或打磨焊趾的措
施提高疲劳强度，打磨后相当于 S-N 曲线疲劳强度得到一定程度的提高，图 6-1 给
出了打磨的细节规定。

BS 7608 评估标准之所以给出这些焊趾改善技术，是因为它对焊趾处的应力集
中有一个相当深刻的认识："焊趾疲劳开裂的主要来源是应力集中的严重程度。"

关于通过焊趾改善技术来提高疲劳强度是一些企业普遍重视且经常采用的技
术，但是本书的一个建议是：小心且严格使用这些技术，因为这些技术实施以后数
据的离散性有可能较大。另一个问题是：一个焊接结构，有时外面能观察到的焊
缝（一条焊缝有两个焊趾）有很多，例如某轨道车辆中的焊接构架上外面能观察
到的焊缝至少有 134 条，那么是否每一条焊缝的焊趾都需要使用改善技术呢？如果

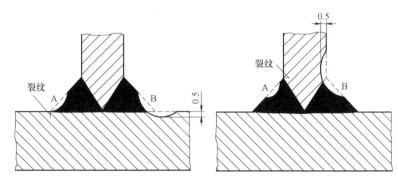

图 6-1　BS 7608 标准中的焊缝打磨方式

都需要，成本将会很高，如果部分需要，这需要事先给出一个科学的判断，即哪一条焊缝上的哪一个焊趾需要使用焊趾改善技术。除了依据经验以外，用名义应力给出这样一个科学的判据在理论上是不可能的，因此 BS 7608：2014+A1：2015 中提出了用基于有限元技术的热点应力来表示焊趾上的应力集中。然而事实上，焊趾上的应力集中是不能准确地用有限元手段计算得到的。关于焊趾上应力集中的计算，将在第 7 章中详细讨论。

4. 提供了一批分级的 *S-N* 曲线数据

BS 7608：2014+A1：2015 标准按照焊接接头上焊缝的实际情况，以及载荷与焊缝的相互关系，提供了对应级别的疲劳数据，其中也包括对结构及工艺等方面的要求。表 6-1、表 6-2 给出了 BS 7608：2014+A1：2015 标准中分级的疲劳强度等级数据。

表 6-1　基本 *S-N* 曲线的数据

级别	C_0	C_0		m	标准偏差 σ		C_2	S_0/MPa （$N=10^7$ 循环次数）
		lg	ln		lg	ln		
B	2.343×10^{15}	15.3697	35.3900	4.0	0.1821	0.4194	1.01×10^{15}	100
C	1.082×10^{14}	14.0342	32.3153	3.5	0.2041	0.4700	4.23×10^{13}	78
D	3.988×10^{12}	12.6007	29.0144	3.0	0.2095	0.4824	1.52×10^{12}	53
E	3.289×10^{12}	12.5169	28.8216	3.0	0.2509	0.5777	1.04×10^{12}	47
F	1.726×10^{12}	12.2370	28.1770	3.0	0.2183	0.5027	0.63×10^{12}	40
F2	1.231×10^{12}	12.0900	27.8387	3.0	0.2279	0.5248	0.43×10^{12}	35
G	0.566×10^{12}	11.7525	27.0614	3.0	0.1793	0.4129	0.25×10^{12}	29
W	0.368×10^{12}	11.5662	26.6324	3.0	0.1846	0.4251	0.16×10^{12}	25
S	2.13×10^{23}	23.3284	53.7156	8.0	0.5045	1.1617	2.08×10^{22}	82
T	4.577×10^{12}	12.6606	29.1520	3.0	0.2484	0.5720	1.46×10^{12}	53[a]

注：级别 S、T 的相应数据为热点应力法计算结果。

表6-2　BS 7608：2014+A1：2015标准中疲劳强度等级的定义（部分示例）

级别	注　释	草　图
C	在自动焊过程中，意外间断并不少见。这时是否仍然维持为标准中的 C 级，则应听取专家的建议和检验。因此不推荐使用该类型	
D	对于在翼缘端部的盖板见级别 G 的草图 如果使用背面垫板，垫板可以和母材连接，也可以不连接。如果背面垫板采用间断角焊缝连接，参见级别 F2	
F	对接接头应利用另外一个角焊缝加强，以便形成类似于角接接头那样的焊趾形状	
F2	增加附件长度会降低疲劳强度，因为更多的应力会传递到较长的连接板中，引起应力集中的增加	
G	可以认为该分类包含由于厚度方向上的正常偏心引起的应力集中 该类型包括接近翼缘端部的盖板母材金属，而不必考虑端部的形状	
W	这一类型包括承受脉动载荷的接头，如强化腹板刚度的连接接头。在这种情况下，焊缝应被设计为不承受脉动载荷	

使用 BS 7608：2014+A1：2015 标准评估疲劳寿命时，可按以下基本步骤执行。

首先，根据需要被评估的焊接接头的几何形状，以及外部可能施加的疲劳载荷的作用方向这两个因素，在"级别"（图6-2）中"对号入座"，寻找最佳匹配的焊接接头，一旦被选定，意味着表6-1中给出的疲劳强度级别同时也被选定，需要注意疲劳载荷方向也要一致。

然后，在表6-1中寻找对应的参数，这些参数本质上就是描写该焊接接头的 S-N 曲线数据。例如，与"E 级"对应的基本参数是：当 N 小于 10^7 循环次数时，定义该 S-N 曲线在曲线族中高低位置的常数 $C_0 = 3.289 \times 10^{12}$。该段 S-N 曲线的斜率 $m = 3$；该曲线在 $N = 10^7$ 循环次数时的疲劳强度 $S_0 = 47\text{MPa}$。当 N 大于 10^7 循环次数时该 S-N 曲线的第二个常数 $C_2 = 1.04 \times 10^{12}$，该段 S-N 曲线的斜率 $m = 5$。

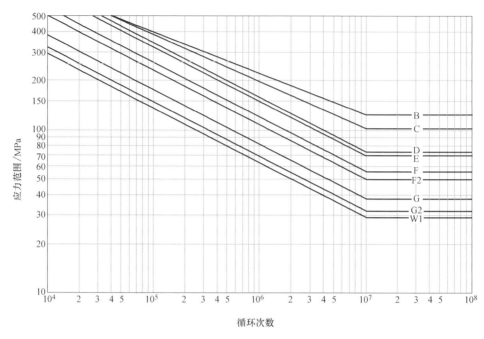

图 6-2　BS 7608：2014+A1：2015 标准中的 S-N 曲线

图 6-2 给出的是中值（置信度 $P=50\%$）的 S-N 曲线数据，考虑到工程问题的复杂性，通常偏于保守向下取两个标准差（即：$d=-2$，此时置信度为 $P=97.5\%$）。例如对于"E 级"，对数坐标系下一个偏差的值是 0.2509，这样就可以用式（6-1）直接计算给定名义应力变化范围 σ_r 时的疲劳寿命 N。

$$\lg N=\lg C_0-d\overline{\sigma}-m\lg\sigma_r \tag{6-1}$$

需要提醒的是，BS 7608：2014+A1：2015 标准基于名义应力法的数据中，所有的 S-N 曲线试验数据均是基于标准板厚 16mm 的。而实际工程中，当板的厚度大于该值时，则需要对计算数据进行修正，BS 7608 标准中已经给出了具体的修正公式。顺便指出，上述计算疲劳寿命的基本步骤，对 IIW、JIS 等标准也适用。

5. 给出了应力计算技术

BS 7608：2014+A1：2015 标准新增了关于应力计算的内容，增加这一内容的道理很简单，因为疲劳寿命评估需要两个数据：S-N 曲线数据和应力数据。如果应力数据出现问题，疲劳寿命评估的误差将很大。虽然焊趾上有令人关注的应力集中，但是如果一个接头的细节与 BS 7608：2014+A1：2015 标准提供的 S-N 曲线数据细节具有一致性，可以使用名义应力数据进行评估，因为 S-N 曲线数据中已经包括了应力集中的影响而不需要另外考虑。如果一个焊接接头细节不能与 BS 7608：2014+A1：2015 标准分类中给出的细节对应，标准建议使用焊趾处的热点应力进行疲劳评估，因为它认为该处的热点应力可以近似地描述试验数据中所包含的应力集中，这样应力计算问题的焦点将是热点应力计算的精度，而热点应力的计算需要利用有限元技术计算，因此 BS 7608 标准给出了与热点应力对应的部分焊接接头等级分类，以及基于有限元网格计算热点应力的具体方法。

6.1.2　国际焊接学会（IIW）的名义应力法

IIW 是国际焊接学会（International Institute of Welding）的英文缩写。1996 年，IIW 第ⅩⅢ委员会和第ⅩⅤ委员会的联合工作组提交了一份《焊接接头及其部件疲劳设计》文件[3]，该文件编号为ⅩⅢ-1539-96/ⅩⅤ-845-96（以下简称为 IIW—1996），2007 年 IIW 对它进行了一些补充，新的文件号为：ⅩⅢ-1539-07/ⅩⅤ-1254r4-07（以下简称为 IIW—2007），与原标准进行对比，它的结构体系基本没有改动，不过增加了 9 个基于热点应力的 S-N 曲线数据，对钢与铝结构提供的 S-N 曲线数据内容更细致了一些，焊后改善技术更丰富了。值得指出的是，在 IIW—2007 中，IIW 标准提供的疲劳试验数据再次证明了焊接结构疲劳强度与材料屈服强度无关，结构钢屈服强度的适用范围甚至从 700MPa 提高到 960MPa。

类似于 BS 7608 标准，IIW 标准的 S-N 曲线数据也是基于名义应力法在实验室获得的，即：疲劳试验数据考虑了局部应力集中、一定范围内的焊缝尺寸和形状偏差、残余应力、焊接过程和随后的焊缝改善措施等。它提供的 S-N 曲线数据也是分级给出的，而 S-N 曲线数据的置信度默认值是 95%。

表 6-3 给出 IIW 标准中的部分 S-N 曲线的常数及常幅疲劳强度和截止极限。在使用这些数据时，像使用 BS 7608 评估标准一样，也需要从两个方面同时"对号入座"：一是焊接接头的几何形状，二是所施加的疲劳载荷。"对号入座"的过程其实是确认该焊接接头疲劳等级的过程。一旦以 FAT 值给出的疲劳等级得到具体确认，随后即可根据该 FAT 值得到与该焊接接头对应的 S-N 曲线数据。

表 6-3　部分 S-N 曲线的常数及常幅疲劳强度和截止极限

应力范围		常数 C（$N=C/\Delta\sigma^m$　$N=C/\Delta\tau^m$）		
等级 FAT	拐点应力	应力范围在拐点之上的 C 值	应力范围在拐点之下的 C 值	
循环次数为 2×10^6（$\Delta\sigma$）	循环次数为 1×10^7（$\Delta\sigma$）	$m=3$	等幅 $m=22$	等幅 $m=5$
80	46.8	1.024×10^{12}	5.564×10^{43}	2.245×10^{15}
71	41.5	7.158×10^{11}	3.954×10^{42}	1.236×10^{15}
63	36.9	5.001×10^{11}	2.983×10^{41}	6.800×10^{14}
56	32.8	3.512×10^{11}	2.235×10^{40}	3.773×10^{14}
50	29.3	2.500×10^{11}	1.867×10^{39}	2.141×10^{14}
45	26.3	1.823×10^{11}	1.734×10^{38}	1.264×10^{14}

（续）

应力范围		常数 C（$N = C/\Delta\sigma^m$　$N = C/\Delta\tau^m$）		
等级 FAT	拐点应力	应力范围在拐点之上的 C 值	应力范围在拐点之下的 C 值	
40	23.4	1.280×10^{11}	1.327×10^{37}	7.016×10^{13}
36	21.1	9.331×10^{10}	1.362×10^{36}	4.143×10^{13}
32	18.7	6.554×10^{10}	9.561×10^{34}	2.299×10^{13}
28	16.4	4.360×10^{10}	5.328×10^{33}	1.179×10^{13}
25	14.6	3.125×10^{10}	4.128×10^{32}	6.691×10^{12}
循环次数为 2×10^6（$\Delta\tau$）	循环次数为 10^7（$\Delta\tau$）	$m = 5$		
100	45.7	2.000×10^{16}	3.297×10^{44}	2.000×10^{16}
80	36.6	3.277×10^{15}	2.492×10^{42}	3.277×10^{15}
36	16.5	1.209×10^{14}	6.090×10^{34}	1.209×10^{14}
28	12.8	3.442×10^{13}	2.284×10^{32}	3.442×10^{13}

对于结构钢而言，图 6-3 给出了 IIW 标准提供的结构钢 S-N 曲线族，等级从 FAT = 36 到 FAT = 160。

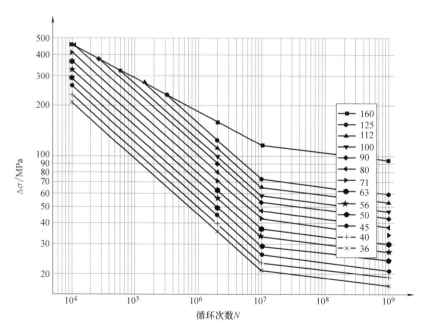

图 6-3　IIW 标准提供的结构钢 S-N 曲线族

6.2　铝结构的抗疲劳设计与评估标准

轨道车辆产品中，为了减重，铝合金焊接车体得到了广泛的应用，例如许多地铁车体以及绝大多数的高速动车组的车体均采用铝合金制造。

铝焊接结构的疲劳强度设计与结构钢的步骤相同，首先需要提供 S-N 曲线数据，IIW 标准提供了一些分级的铝合金焊接接头的 S-N 曲线数据，表 6-4 是 IIW 标准中部分铝焊接接头等级分类[3]。

表 6-4　IIW 标准中部分铝合金焊接接头等级分类

结构细部（铝合金）	描　述	FAT
	轧制和挤压产品，边缘机械加工，$m=5$ 板材和扁平件： AA7000 合金 AA5000/6000 合金 在任何循环次数下接头抗疲劳性能不会提高	80 71
	机械热切割边缘，尖角打磨掉，经检查无裂纹。$m=3$	40
	横向承载对接焊缝（X 形或 V 形坡口，磨平，100% 无损检测）	45
	对接横向焊缝，现场平焊，焊趾角度小于 30°，无损检测	36
	横向对接焊缝，焊趾角度小于等于 50°	32
	横向对接焊缝，焊趾角度大于 50°，或者在永久衬垫上焊接的横向焊缝	28
	单面横向对接焊缝，无垫板，完全焊透 根部无损探伤控制 无探伤控制	28 12

图 6-4 给出了 IIW 标准铝合金焊接接头的 *S-N* 曲线族，疲劳等级从FAT=71 到 FAT=12，*S-N* 曲线的常数及常幅疲劳极限和截止极限与表 6-3 类似。

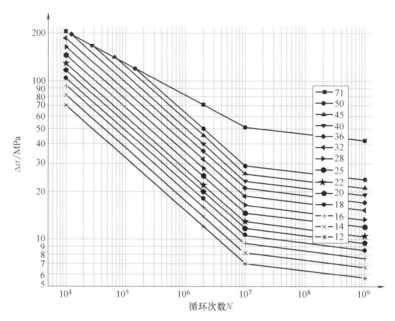

图 6-4 IIW 标准铝合金焊接接头的 *S-N* 曲线族

除 IIW 标准的铝合金 *S-N* 曲线数据与钢结构的分级值不一致之外，其他内容均可参考上述 IIW 钢结构疲劳设计与评估标准。

事实上，铝合金车体结构通常是由中空挤压铝合金型材组焊而成的，图 6-5 给出的是中空挤压铝合金型材地板焊接结构示意，从图中可以看出两个型材连接处的焊接接头的几何形状非常特殊，因此采用 IIW 标准评估疲劳寿命时，也会像 BS 7608 标准那样遇到疲劳级别（FAT 值）难以"对号入座"的问题。

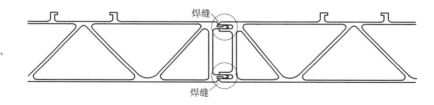

图 6-5 中空挤压铝合金型材组焊

类似于 BS 7608 标准，考虑到焊趾处应力集中的重要性，IIW—2007 也定义了热点应力，同时还给出了部分焊接接头的 FAT 级别数据，以及基于有限元应力计算结果的热点应力的外推插值建议。

6.3　专用结构的抗疲劳设计与评估

某些工业界的焊接结构因焊接接头的几何形状比较特殊而难以从 BS 7608 或 IIW 那样的通用评估标准中找到合适的 S-N 曲线数据，于是就针对产品结构特点开发了专用的设计与评估标准。日本标准 JIS E 4207：2004《铁路车辆—转向架—转向架构架设计通则》[4]，就是这样一个专用于铁路车辆转向架焊接构架的抗疲劳设计与评估的标准。JIS E 4207：2004 标准的确具有较强的铁路专业特色，它除了提供具有专业特色的疲劳载荷外，还分别提供了关于母材、焊根、焊趾的设计与评估方法。

对于母材，该设计与评估标准提供了材料屈服强度分别为 235MPa、355MPa 的应力强度图，基于这个图可以按照金属材料疲劳的理论对母材的抗疲劳能力给予评估。

对于焊根，该设计与评估标准认为即使是完全熔合，也会在焊根部位存在细小的熔合缺陷，因此可以将此熔合缺陷视为裂纹，然后建议采用断裂力学的方法计算从焊根开始开裂的疲劳寿命。焊接部位采用双面焊接的方法本是理想的方法，但是在转向架焊接构架上一般使用没有垫板的单面坡口焊接，此时即使焊根完全熔合，也会在焊根部位存在细小的熔合缺陷，因此将熔合缺陷视为裂纹。这样，根据接头类型以及初始裂纹与板厚的比（a/t），确定找到修正系数 F_e，然后根据应力变化范围，可以计算得到应力强度因子范围 ΔK，接着利用 Paris 公式积分计算其疲劳寿命。

对于焊趾，该标准针对转向架焊接构架结构的几何特点与载荷特点而定义了一批焊接接头，然后根据这些接头，基于大量的疲劳试验结果，给出了 6 个疲劳强度等级（A～F），见表 6-5。与 BS 7608 标准、IIW 标准一样，每条 S-N 曲线斜率也是相同的。但是有一点不同于 BS 7608、IIW 标准，因为它为每条 S-N 曲线设定了如图 6-6 所示的水平拐点，即给定了疲劳强度的值。前面已经指出，理论上的 S-N 曲线是没有水平拐点的，JIS 标准在 S-N 曲线上人为地设定这样的

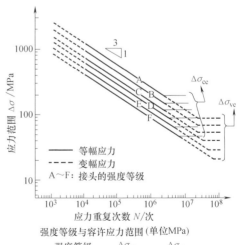

强度等级	$\Delta\sigma_{ce}$	$\Delta\sigma_{ve}$
A	190	88
B	155	72
C	115	53
D	84	39
E	62	29
F	46	21

图 6-6　JIS E 4207：2004 S-N 曲线焊接接头强度等级分类

水平拐点，不过是JIS标准认为该点对应的寿命可以满足专业的工程需要。

表 6-5　焊缝打磨与焊缝原始状态的疲劳等级的对比

焊接接头方式	焊接种类	对象部位	焊接部位的砂轮打磨（以下称G打磨）程度	强度等级
对接坡口焊接	双面坡口	焊缝边缘	焊接原状	D、B
			G打磨	B
	单面坡口	焊缝边缘	焊接原状	E
			G打磨	B
		带垫板的焊根部位	—	F
T形焊接	双面坡口	焊缝边缘	焊接原状	E
			G打磨：焊脚长 20mm 以上	B
			G打磨：焊脚长未指定	C
		背面填角焊缝边缘	焊接原状	E、F
	单面坡口	焊缝边缘	焊接原状	E
			G打磨：焊脚长 20mm 以上	B
			G打磨：焊脚长未指定	C
		背面填角焊缝边缘	焊接原状	E、F
		带垫板的焊根部位	—	F
	双面填角	焊缝边缘	焊接原状	E、F
斜交形焊接	双面坡口	焊缝边缘	焊接原状	E、F
			G打磨：焊脚长 20mm 以上	B
			G打磨：焊脚长未指定	C
		背面填角焊缝边缘	焊接原状	F
	单面坡口	焊缝边缘	焊接原状	E、F
			G打磨：焊脚长 20mm 以上	B
			G打磨：焊脚长未指定	C
		带垫板的焊根部位	—	F
搭接焊、塞焊及槽焊	一周搭接焊	焊缝边缘	焊接原状	E、F
	塞焊、槽焊	焊缝边缘	焊接原状	F
		焊根部位	—	参照F

注："强度等级"一栏中如果有两个等级字母，例如"E、F"，标准中规定是以焊接的姿势来划分的，如强度等级高的"E"适用于平焊和船形焊，而等级低的"F"适用于立焊和仰焊。

6.4　基于热点应力的抗疲劳设计与评估

如前所述，焊接结构疲劳开裂通常有两种模式，即从焊趾开始穿透母材厚度方向的"模式 A"和从焊根开始穿透焊缝的"模式 B"，而名义应力位置离焊趾较远，于是有人试图在焊趾处计算应力，按照这个思路，在第 2 章提及的热点应力（hot-spot stress）的概念就这样被提了出来，但这里应该指出，热点应力法只能应用在"模式 A"，而不能应用在从焊根开始穿透焊缝的"模式 B"。

热点应力法有两个关键问题，一是如何计算焊趾处热点应力值，二是怎样获得该热点应力对应的 S-N 曲线。热点应力考虑到了焊缝处的几何不连续性，作为应力评定的参考值，它不包含缺口效应所产生的局部应力集中。如果用测试的方法获得热点应力，可以用两个或 3 个应变片贴在距焊趾特定位置测得，然而应变片的粘贴位置必须避免非线性应力峰值的影响。如果采用计算的方法获得热点应力，首先需要在有限元的特定位置提取两个节点或 3 个节点的应力值，然后按图 6-7 那样通过外推进行计算。然而在有限元网格划分时，网格必须足够精细，这样才能使得测定点应力的梯度分布与通过应变片测量的外推点具有可比性。在 IIW 标准中，给出一些具体的建议：

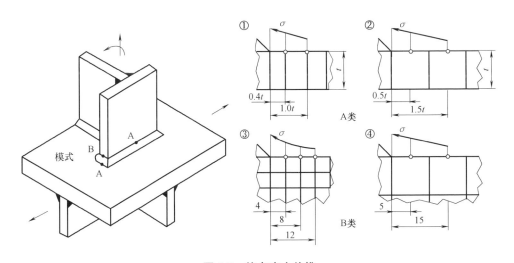

图 6-7　热点应力外推

1）单元和积分点的数量需要保证应力沿板厚线性分布，在大应力梯度时建议采用 4 节点薄壳单元或者 4 节点实体单元，为了提高计算精度，推荐使用 8 节点薄壳单元和 20 节点实体单元。

2）当使用薄壳单元时，在板的中面或者管的中径面进行结构建模，需要考虑焊接点的刚度。

3）与焊趾相邻的第一个单元必须与焊缝正交，这样才能获得外推点处的有效结果。与平面或管交线正交的单元尺寸，即从中心点或单元第一个积分点到焊趾的距离不能超过板厚的 0.4 倍。

4）有限元模型可以表示出沿焊趾方向的应力变化情况。对于管接头，单元尺寸应小于相交线长度的 1/24。

5）单元的最大和最小尺寸之比不应超过3。

6）单元尺寸的变化要逐渐过渡。对于管状结构，远离焊趾的单元的最大尺寸不应超过管半径的一半。

7）计算的应力是平面或壳体的表面应力。

IIW 标准提供了 A 类及 B 类热点应力的外推公式[3]。A 类代表焊趾位于立板的根部、母板的表面，应力垂直于焊缝；B 类代表焊趾位于立板的表面边缘处，应力垂直于焊缝，而沿着立板的焊缝方向，应力平行于焊缝，这种情况等同于名义应力法。

热点应力法考虑了焊接接头类型和几何尺寸引起的结构应力集中因素，因此热点应力法中的 S-N 曲线比名义应力法的 S-N 曲线分散性小，可以使用较少的热点应力 S-N 曲线来表征多种不同的焊缝类别。热点应力 S-N 曲线方程表达式如下：

$$\lg N = \lg C_d - m \lg \Delta \sigma \qquad (6-2)$$

式中，$\Delta \sigma$ 是应力范围；N 是循环次数；m 是双对数坐标下 S-N 曲线斜率的反向斜率；$\lg C_d$ 是双对数坐标下 S-N 曲线在 $\lg N$ 轴上的截距。

$$\lg C_d = \lg A - 2\bar{d} \qquad (6-3)$$

式中，A 是置信度为50%的 S-N 曲线参数；$\bar{d}$ 是 $\lg N$ 的标准方差。

IIW 标准为钢材提供了三条热点力 S-N 设计曲线，即 FAT90、FAT100 和 FAT112，涵盖了 7 种不同类型的焊接形式；为铝材提供了三条热点应力 S-N 设计曲线。它们减小了 S-N 曲线的分散性，弥补了名义应力法评定的一些不足。但是正如文献［6］~［8］所说明的，对于表 6-6 中没有编入的其他接头形式，热点应力法还需要大量的试验进行校准，例如对于更复杂的管状接头，热点应力法没有能力有效解释疲劳试验数据，而即将介绍的基于节点力的结构应力法能更清楚地描述[9]。

表 6-6　IIW 标准热点力应力法钢及铝 S-N 曲线数据

编号	结构图	描　　述	FAT 钢	FAT 铝
1		对接，特殊加工质量	112	45
2		对接，正常加工质量	100	40
3		十字角接，完全熔透	100	40

（续）

编号	结构图	描 述	FAT 钢	FAT 铝
4	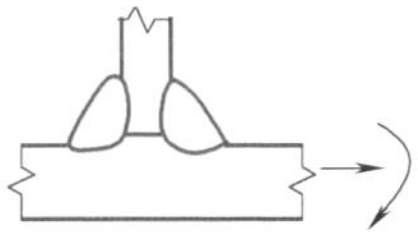	焊缝不传力，角接	100	40
5	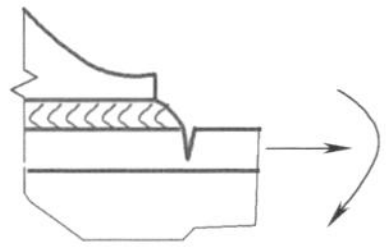	纵向补强板，端部	100	40
6	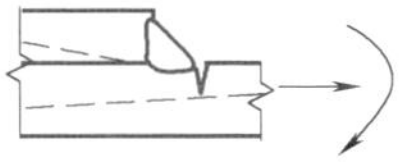	盖板端部及类似结构	100	40
7	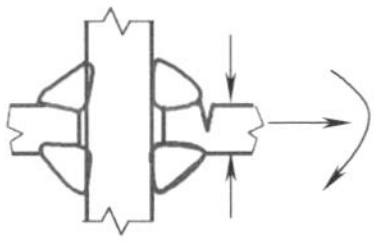	十字角接，焊缝传力	90	36

6.5 传统方法的工程应用

传统方法中名义应力法最有代表性。如果为了对结构设计寿命评估做出快速响应，可以将 BS 7608、IIW、JIS 等评估标准中提供的 S-N 曲线数据，以及基于名义应力法的疲劳寿命计算公式写到一个程序里，一旦获得了某焊接接头的名义应力范围谱，就可以快速评估其疲劳寿命。

焊接接头上的名义应力，或来自于设计阶段的有限元模型的应力计算结果，或来自于产品服役阶段布置应变片得到的实测应力的反馈。下面给出了基于实测动应力的该评估方法的模块功能设计，然后给出一个具有代表性的工程应用案例说明基于名义应力的疲劳评估方法的适用性。

6.5.1 模块功能设计

图 6-8 所示的基于名义应力的评估方法主要由三个功能模块构成。

65

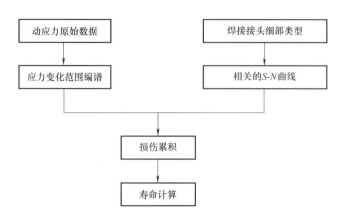

图 6-8　基于应力测试及名义应力的疲劳寿命计算模块

模块一：获得 S-N 曲线数据模块

根据被评估对象，在 BS 7608、IIW 等评估标准中以"对号入座"的方式确定焊接接头类型，从而获得基本的 S-N 曲线数据，同时还要根据焊接接头的板厚，判断是否需要对基本的 S-N 曲线数据进行修正。

模块二：获得动应力谱模块

对实测得到的动应变信号进行数据处理，很多专用商业软件有此功能，调用后，这些软件首先对采集得到的原始数据进行处理，然后进行计数并进行应力编谱，工程上通常是 8 级应力编谱。编谱时需要注意按照应力变化范围编谱，这样才能与 S-N 曲线需要的数据保持一致性。

模块三：计算疲劳寿命模块

首先对每一级应力范围，分别统计实际发生的循环次数，以及由 S-N 曲线数据计算得到的与该级应力范围对应的允许次数，这样就可以计算得到该级应力导致的疲劳损伤。然后根据迈纳尔疲劳损伤累积原理，即可获得所有应力等级的疲劳损伤之和。最后根据动态测试的里程数，可以换算出被评估对象以里程或以年为单位的疲劳寿命。

6.5.2　实施案例

为了治理某转向架焊接构架上一条焊缝出现的疲劳隐患，使用了图 6-8 所示的模块进行了疲劳寿命评估[5]。

1. S-N 曲线的获取

根据设计图样，采用了 IIW 标准提供的 S-N 曲线数据。经"对号入座"，原焊接接头的 S-N 曲线数据取的是表 6-7 中 FAT=45 的数据。为提高疲劳寿命，端焊缝按照 IIW 标准规定磨削，因此改进以后 S-N 曲线数据取的是表 6-7 中 FAT=56 的数据。

表6-7　IIW 标准的 S-N 曲线数据

编号	图　示	描　述	FAT
711		工字钢上补强板端焊缝处是疲劳源 补强板厚度小于板厚 t 的 0.8 倍，FAT 为 56	56
		补强板厚度大于板厚 t 的 0.8 倍，但是小于板厚的 1.5 倍，FAT 为 50	50
		补强板厚度大于板厚 t 的 1.5 倍，FAT 为 45	45
712		工字钢上补强板的端部焊缝打磨，疲劳等级 FAT 值提高，也分为三种情况： $t_D < 0.8t$	71
		$0.8t < t_D < 1.5t$	63
		$t_D > 1.5t$	56

2. 动应力谱的获得

基于名义应力法的计算原则，在该结构上共布置了若干个应变片，然后获得了某区间的应变数据。动应力编谱之前，利用软件将全部原始二进制数据（微应变信号）转换成 ASCII 码格式，图 6-9 是其中一个通道的应变信号换算后应力的数据。

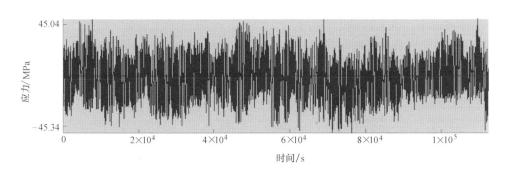

图 6-9　滤波后的时域信号（滤波频率 40Hz）

接下来采用像 Ncode 这样的专用软件对每一通道数据进行动应力编谱，根据频谱信息进行滤波，滤波频率为 40Hz，雨流计数以后获得了可以进行疲劳寿命计算的动应力谱，图 6-10 给出了图 6-9 所示的 FAT = 45 的端焊缝处名义应力范围编谱结果。

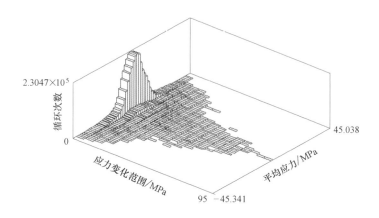

图 6-10　雨流计数直方图（应变片号：52）

3. 疲劳寿命计算与验证

将上述数据输入该评估模块后，计算得到了该焊接构架疲劳寿命最短的部位是疲劳等级为 FAT = 45 的端焊缝（应变片号：52），换算以后的里程数是 4.96×10^6 km，显然这一数据不能满足设计寿命要求，为此建议将该端焊缝按照 FAT = 56 那样磨削，然后用 FAT = 56 的 S-N 曲线数据替代原 FAT = 45 的 S-N 曲线数据，计算后得到的里程数为 1.47×10^7 km，这一数据表明该处焊缝疲劳寿命明显提高，大于 1.2×10^7 km 的设计寿命要求。

为验证上述计算结果的可靠性，端焊缝磨削的改进方案在疲劳台架上进行了样件的疲劳试验，图 6-11 给出了结构改进方案的台架疲劳试验现场照片。

图 6-11　台架疲劳试验现场

疲劳试验做到 1.2348×10^7 km 时未发现疲劳裂纹，这个数据证明改进方案已经满足了 1.2×10^7 km 的设计寿命要求。表 6-8 为预测寿命与疲劳试验台上的试验寿命对比。这里有一个值得思考的问题：同样的疲劳载荷，同样的焊接结构，一个是端焊缝没有磨削，一个是端焊缝经过磨削，疲劳寿命为什么相差如此之大？关于这个问题的答案，将在第 9 章给出。

表 6-8　预测寿命与疲劳试验台上的试验寿命对比

项　目	原焊接接头	改进后的焊接接头
疲劳试验台试验结果	4.78×10^6 km	大于 1.2348×10^7 km
数值仿真预测结果	4.96×10^6 km	1.47×10^7 km

6.6　传统评估方法的工程应用局限性

传统评估方法历史悠久，且获得了许多应用，6.5 节给出的工程应用案例是其中之一，然而在工程应用过程中同时也暴露出了以下三方面的问题：

1. 因 *S-N* 曲线数据有限而导致的难以"对号入座"的问题

众所周知，疲劳试验是一项成本很高的研究工作，本章所提及的标准中基于疲劳试验而获得的每一条 *S-N* 曲线数据都来之不易，然而为了满足工程中的焊接接头几何形状的多样性以及载荷模式的多样性的排列组合，理论上将需要无穷多的 *S-N* 曲线数据。事实上，仅从试验成本的角度看，要求一个标准提供近于无穷多的 *S-N* 曲线数据是不可能实现的，因此在工程应用中必然会遇到两个问题：一是焊接接头几何形状、焊缝位置与试验样件的一致性问题；二是实际承受的疲劳载荷与样件疲劳试验时所施加的疲劳载荷的一致性问题。如果这两个一致性中有一个不能被很好地满足，严格说本章中各标准所提供的 *S-N* 曲线数据是不可以被使用的。如果从偏于安全的角度"借用"，那么寿命计算必然产生偏差，这样基于寿命计算结果的设计方案对比也将失去工程实际意义。

对于这个问题，董平沙教授有更深刻的解释[6]："在基于焊接分级方法的 *S-N* 曲线中，理论上会存在无穷多数据的曲线，在不能确定给出这些参数对给定 *S-N* 曲线定量关系的影响时，选择出一条对应的 *S-N* 曲线就只能依靠经验和主观判断。每个现存的操作规程建议、规范及标准，都会提供图片目录和一些与工程相关的说明来让用户选择，如果目录中不存在，用户就需要对选择哪条 *S-N* 曲线做出判断，这样会使 *S-N* 曲线的选择过程因人而异，即使是接头类型类似，寿命预测也常常会导致很大的差别。"下面给出几个难以"对号入座"的案例。

（1）钢焊接结构案例　以某转向架焊接构架为例，图 6-12 所示的两个局部结构中有许多条焊缝的几何位置属于空间三维布置，而且工作时承受的疲劳载荷工况有 23 种之多，这样不仅焊接接头的定义很模糊，而且假如用 BS 7608 或 IIW 评估标准进行疲劳评估，将很难从它们提供的分级形式的接头数据中找到合适的选项。

（2）铝合金焊接结构案例（图 6-5）　轻量化设计使铝合金焊接结构在轨道车

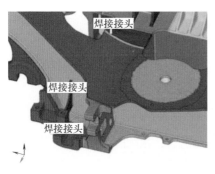
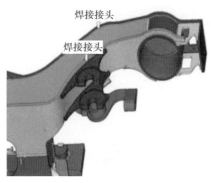

图 6-12 某焊接构架上的两处局部结构

辆的车体结构中被广泛使用，以某地铁车辆为例，车体的端墙、侧墙、车顶、地板全部是由中空挤压铝合金型材组焊而成。从图 6-5 中可以看出两个型材连接处的焊接接头的几何形状非常特殊，因此采用 IIW 之类的标准进行评估疲劳时，也会像 BS 7608 标准那样遇到疲劳级别（FAT 值）难以"对号入座"的问题。

2. 应力计算结果难以一致的问题

假设焊接接头的 S-N 曲线数据可以对号入座，接下来的事情是通过应力来计算疲劳寿命。严格地说，应力必须与被选定的 S-N 曲线的应力类型有一致性。如果是基于名义应力的 S-N 曲线，那么需要的应力应该是用材料力学公式能够计算出来的应力，即名义应力，可是工程上焊接结构形式的复杂性以及外载荷的多样性，已经远远超出了材料力学的计算能力，在这种情况下"名义应力"通常需要用有限元法进行数值计算，由于需要计算的应力所在位置的选择、单元类型的选择、网格大小的选择等都将因人而异，因此应力的计算结果也将有一定差别。

为了摆脱计算名义应力的困难，在第 2 章中热点应力的概念被提了出来。并设计了两种计算模式：一种是基于外推的间接模式；另一种是基于网格细分的直接模式。事实上，当需要直接计算焊趾或焊根位置上的缺口应力时，网格敏感问题将变得更为严重。因为在尖锐缺口上的应力数学表达是病态的，它对网格的大小更为敏感。显然，本质上热点应力并没有摆脱名义应力的局限性，即应力对有限元的网格敏感性和不能处理焊趾处不连续特征形成的局部缺口应力。在处理局部缺口应力时，由于缺口的影响会表现出数学上的奇异性。热点应力法需要在热点区域有规则的几何平面和有全局的应力梯度以保证插值需要，而有限元分析时对网格密度和质量要求太高，并且插值方法庞杂，插值结果有不一致性。

3. 缺口半径事先假设的不一致问题

考虑到使用名义应力或热点应力所遇到的困难，于是有了基于断裂力学所提供的方法，通过对 Paris 公式的积分直接计算疲劳寿命。例如 BS 7608、IIW 评估标准中都提出了这样的建议。但是如果采纳它们的建议并执行，第一个困难就是在焊趾处必须首先假定一个初始裂纹的尺寸，例如假定初始裂纹尺寸为 1mm，显然这样的假定是没有科学依据的。

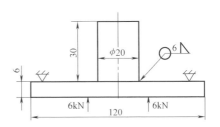

图 6-13　有限元计算样件示例

图 6-13~图 6-15 是一个说明采用传统的有限元方法计算过程中网格敏感的实例。实例中划分的单元尺寸分别为 2mm、4mm 和 6mm，从计算结果可以看出，在焊趾处的 VonMises 应力最大值会随着网格的细分而显著提高，越是靠近焊趾位置的应力对网格尺寸越敏感，应力的不一致性也就越大。由于应力与寿命之间存在高度的非线性关系，因此直接基于有限元计算的应力评估疲劳寿命将存在网格敏感问题。

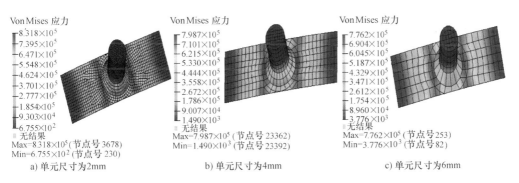

图 6-14　2mm、4mm、6mm 单元长度的有限元计算应力云图

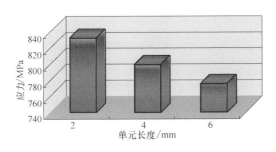

图 6-15　不同网格尺寸焊趾处计算的应力最大值对比

上述事实表明，无论是名义应力法、热点应力法，还是初始裂纹假定法，由于缺少坚实的理论基础，对于焊接结构的疲劳评估都存在一系列问题，这些问题主要集中在理论层面上。

6.7　本章小结

在仅有设计图样的焊接结构产品设计阶段，一般是首先通过各种专业性的计算手段对设计方案进行评估，对焊接结构来说，它还要进行疲劳强度评估，而疲劳强度的评估则首先需要选定评估方法。

在这一章里，将焊接结构的疲劳强度评估方法归纳为两类：一是包含名义应力法、热点应力法的传统评估方法，二是基于结构应力的新一代的评估方法。

这一章仅系统地介绍了传统的评估方法，从工程应用的角度出发，又以钢结构、铝合金结构、专用结构为例，分别介绍了第一类方法中的名义应力法与热点应力法，同时还用一个典型的工程案例证明以下结论：当被评估的对象能够被"对号入座"时，评估结果将会很好。

但是，本章也同时指出了第一类评估方法中另外三个问题：一是关于 S-N 曲线数据，实验室获得的 S-N 曲线数据总是有限的，让它涵盖实际工程中焊接接头几何形状与载荷模式的各种可能是困难的。二是关于应力计算，因为很多情况下名义应力是不存在的，因此这些评估标准只能基于有限元技术以数值计算的方式获得应力。尽管这些评估标准给出了计算细节规定，但是应力计算结果与有限元网格的疏密、单元尺寸的大小、单元类型等因素相关，因此应力计算结果存在因人而异的不唯一性。即使是使用热点应力，计算结果对有限元网格的敏感性同样不可避免。三是关于断裂力学问题，虽然第一类标准推荐使用断裂力学的方法计算疲劳寿命，但是它要求必须事先假设一个初始裂纹，由于没有科学依据，因此初始裂纹的形状与尺寸只能凭借经验给出人为的假定，这样计算结果也将因人而异。

归根结底，不管是名义应力，还是热点应力，本质上都是结构表面上的应力，它们不能代表焊趾或焊根所在截面上的应力分布，如果能够有办法获得这个应力分布，那么问题将有可能获得根本性的突破，因为裂纹扩展是由截面上的应力分布驱动的。鉴于此，董平沙教授从力的平衡角度出发提出了一个新的力学概念：结构应力。结构应力概念的提出，不仅给出了焊趾或焊根所在截面的应力分布，给出了焊缝上的应力集中，而且还被证明具有网格不敏感的力学特征，这些内容将从第7章开始逐一介绍与讨论。

参 考 文 献

［1］　Fatigue design and assessment of steel structures：BS7608：2014＋A1：2015 ［S］. London：BSI, 2015.

［2］　Fatigue design and assessment of steel structures：BS7608：1998 ［S］. London：BSI, 1998.

［3］　Recommendations for fatigue design of welded joints and components：XⅢ-1539-07/XV-1254r4-07 IIW ［S］. Paris：IIW IIS, 2008.

［4］ 日本标准协会. 铁路车辆-转向架-转向架构架设计通则：JIS E 4207：2004. ［S］. 中东青岛四方车辆研究所，译. 2004.

［5］ 兆文忠. 基于名义应力法的焊接构架 CW-2 疲劳寿命预测计算报告 ［R］. 大连：大连交通大学，2006.

［6］ DONG P S, HONG J K, OSAGE D A, et al. The master S-N curve method：an implementation for fatigue evaluation of welded components in the ASME B&PV Code Section Ⅷ, Division 2 And API579-1/ASME FFS-1 ［M］. New York：WRC Bulletin，2010.

［7］ DONG P S, HONG J K. Analysis of hot spot stress and alternative structural stress methods ［C］//ASME 2003 22nd International Conference on Offshore Mechanics and Arctic Engineering. New York：American Society of Mechanical Engineers，2003：213-224.

［8］ HONG J K, DONG P S. Hot spot stress and structural stress analysis of FPSO fatigue details ［J］. OMAE Specialty Conference on Integrity of FPSO Systems，2004（23）：33-40.

［9］ DONG P S, HONG J K. Fatigue of tubular joints：hot spot stress method revisited ［J］. Journal of Offshore Mechanics and Arctic Engineering，2012（3）：134-150.

第 **7** 章

结构应力的定义及其内涵

7.1 有限元方法的基础知识

考虑到本章即将引进的结构应力的计算过程需要从有限元计算结果中提取节点力，也考虑到以后几章内容的需要，因此本节将简要介绍一些有限元的相关知识。

有限单元法（finite element method，FEM）是结构应力法的计算基础之一。有限元法的发展始于力学，但是其数学本质却是用数值法求解偏微分方程。因篇幅所限，这里只概括地介绍有限元法中与求解节点力相关的基础知识。

首先从一个简单的静力平衡的微分方程问题入手。设有一个承受均匀载荷的小变形悬臂梁，如图 7-1 所示。已知材料物理参数：杨氏模量 E、梁截面几何形状、梁截面抗弯惯性矩 I 等。在均布载荷 $q(x)$ 的作用下，根据材料力学知识就可以推导出它处于平衡状态下的变形微分方程。

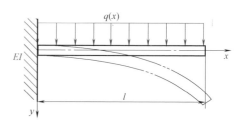

图 7-1　承受均匀载荷的小变形悬臂梁

$$q(x) = EI \frac{\mathrm{d}^4 y(x)}{\mathrm{d}x^4} \tag{7-1}$$

式中，$y(x)$ 是待求梁的变形曲线。

式（7-1）表明，所研究的梁的平衡状态等价于求解这个带有边界条件的微分方程。考虑到悬臂梁的具体边界条件，求解微分方程式（7-1）后，得到了它处于平衡状态下的变形表达式

$$y(x) = \frac{q(x)x^2}{24EI}(6l^2 - 4lx + x^2) \tag{7-2}$$

由式（7-2）很容易进一步求得梁内任意一点上的应变与应力。结构受力后处于平衡状态，可以用类似式（7-2）这样的微分方程来描写，但是求解这些微分方程时必须考虑相应的边界条件，而工程实际问题的复杂边界条件又很难用数学关系模型化，所以采用直接求解这些微分方程的方法会在工程上遇到一定困难，于是就出现了基于变分原理的有限元法。当前常用的商业有限元软件的基础算法是基于最小总位能原理，以位移为基本变量的位移有限元法。

在力学理论中最小总位能原理是这样定义的：在所有满足内部连续性和运动学边界条件的位移中，满足平衡方程的位移使得位能取驻值，如果驻值是极小值，则平衡是稳定的。简言之，如果受力系统处于稳定状态，那么该系统的总位能一定最小。这样当研究平衡状态时，最小总位能原理就可从能量的角度来设立另外一个求解途径，而这个途径与前面通过求解微分方程去研究平衡问题殊途同归。

为了解释能量原理，下面用图 7-2 所示的简单的受力弹簧系统给出能量原理的内涵[1]。

已知弹簧刚度系数为 k，原长为 l_0，下端施加垂向载荷 f 后，弹簧获得变形而处于稳定平衡状态。求解它的平衡状态可以直接用力的平衡方程。下面不用力的平衡方程，而用最小总位能原理来求解由位移 d 度量的平衡状态，具体过程如下：

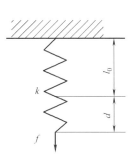

图 7-2　一个受力弹簧系统

首先，假定位移为零的位置作为能量参考点，施加载荷后系统因获得变形而处于平衡状态。这时该系统的位能由两部分组成：第一部分是弹簧因拉伸变形而获得的位能，其大小为 $(kd^2)/2$；第二部分是载荷 f 因做功而损失的位能，其大小是 fd，于是系统获得位移 d 后的平衡位置上，系统的总位能是二者之和：

$$\Pi = \frac{1}{2}kd^2 + (-fd) \quad \text{或} \quad \Pi = \frac{1}{2}kd^2 - fd \tag{7-3}$$

式中，第一项是弹簧获得的位能，第二项是载荷失去的位能。不难看出，系统总的位能 Π 是位移 d 的函数。

由最小总位能原理，真正的稳定平衡位置一定使总位能取极小值，即 $\delta\Pi=0$（式中 δ 为变分记号，类似于微分记号），所以对式（7-3）进行关于 d 的变分运算（类似于微分运算）得

$$(kd-f)\delta d = 0 \tag{7-4}$$

由于 δd 是不为零的任意小的假想虚位移，所以

$$kd-f=0 \quad \text{或} \quad kd=f$$

即

$$d=f/k \tag{7-5}$$

式中，d 即为平衡位置，它与图 7-3 中系统总位能曲线的 A 点一致，该点为总位能最小点，即取极小值的那一点，也恰是描写系统处于平衡状态的点。

从这个简单的例子中可以看出：研究某个线性系统的平衡状态时，可以直接求解系统力的平衡方程，但也可以用最小总位能原理求解，二者虽然等价，但是内涵截然不同。

仍以图 7-1 所示的简单悬臂梁为例，该悬臂梁在均匀载荷作用下必然发生变形，且假设小变形条件下变形曲线为 $y(x)$，在图 7-4 中假设了几种可能的变形状态，但不论是哪一种满足边界条件的变形状态，总可以求出与之对应的总位能，即梁上载荷因变形而失去的位能与梁弯曲获得的应变能总和。

$$\Pi = \frac{1}{2} \int_0^l EI \left(\frac{\mathrm{d}^2 y}{\mathrm{d}x^2}\right)^2 \mathrm{d}x - \int_0^l qy\mathrm{d}x \tag{7-6}$$

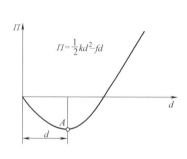

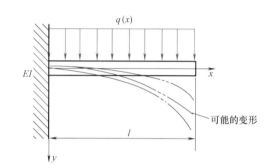

图 7-3　系统总位能　　　　　图 7-4　寻找悬臂梁平衡状态

显然，总位能是关于变形曲线 $y(x)$ 的函数（数学上称其为泛函，因为它是函数的函数）。不同的变形状态 $y(x)$ 对应不同的总位能，那么哪个变形状态是真正的平衡状态下的变形状态呢？这个判断依据就是最小总位能原理，即：使能量取极小值的变形状态是真正的平衡状态。

由于工程上被研究的对象具有复杂性，人们可以将需要研究的对象人为地离散成有限多的小"单元"，在每个单元之间用若干个"节点"互相连接。在外力作用下，每个单元的节点将产生一定的位移，而在每个单元内部，任意一点的位移则可以由该单元节点上的位移按照某一种约定关系插值获得，这样在给定边界上的位移约束条件与外载荷 F 之后，每个单元都将获得类似于图 7-2 中小弹簧所获得的变形能量，对每个单元变形能求和，就可以获得结构离散后的总变形能，同时再考虑外力离开初始位置而失去的位能，那么系统获得的总位能就是：

$$\Pi = \left(\sum_{e=1}^m \Pi_e\right) - \boldsymbol{D}^{\mathrm{T}}\boldsymbol{F} \tag{7-7}$$

式中，Π_e 是一个单元获得的能量；m 是单元总数；$\boldsymbol{D}$ 是离散后维数为 n 的自由度向量；**F** 是外载荷向量。

式（7-7）给出了系统的总能量，它从能量等价的角度实现了原力学模型的有限元模型替代。由于已经将结构的总位能表示为位移的函数，类似地对式（7-7）的每个自由度引入最小总位能原理，最后将得到满足平衡条件的一组方程：

$$\frac{\partial \Pi}{\partial D_1} = \frac{\partial \Pi}{\partial D_2} = \cdots\cdots = \frac{\partial \Pi}{\partial D_n} = 0 \tag{7-8}$$

可以证明结构总位能是位移的二次函数，运算式（7-8），将得到 n 个互相联立的关于位移的线性方程组，即式（7-9）。式（7-9）可以简写为式（7-10）：

$$\left(\sum_1^m k \right) D = F \tag{7-9}$$

$$KD = F \tag{7-10}$$

式中，**k** 是单元刚度矩阵；**K** 是结构整体刚度矩阵，它是根据单元节点编号信息对每个单元累加而成的，其中每个 **k** 仅取决于构成单元的材料特性及几何形状。

根据几何形状及力学特点，许多商业有限元软件中定义了多种类型的单元，并存放在单元库里供建模时调用。

简言之，有限元法的力学特点是：①基于位移插值技术实现了有限个节点位移向单元内部任意一点位移的转换；②基于能量原理实现了微分方程向一组线性方程组的数学转换。许多文献都对有限元法做了很好的介绍，如果读者有较好的力学基础，推荐阅读文献［1］。

清楚了有限元法的基本原理，就可以利用该方法获得结构应力所需的节点力，计算节点力的基本步骤如下：

1）引入位移约束条件求解式（7-10），首先得到的是全局位移解。

2）根据单元节点编号信息，从全局位移中提出单元上的节点位移。

3）将这些位移转换到单元的局部坐标系，然后与单元刚度矩阵相乘以后得到该单元的所有节点力。

在一些著名的商业有限元软件中，求解后的单元节点力已经被存储在结果文件之中，例如 ANSYS 软件的 RST 文件，提取单元节点力时用户只要清楚结果文件的存储格式即可。

7.2 有限元法与应力集中的计算

前面已经讨论了应力集中是影响疲劳寿命的关键因素，并在第 6 章提供了基于名义应力计算疲劳寿命的公式，例如式（6-1），然后又指出了传统设计方法在用有限元法计算应力集中会遇到困难。在上一节介绍了有限元法的基本原理以后，现在可能有人要问：有限元法计算应力的功能如此强大，怎么在计算应力集中时会遇到那样的困难呢？下面，我们以比较简单的二维问题为例，讨论用有限元法计算应力集中时不是无条件的。

弹性力学的理论已经表明[2]，二维问题的几何方程——式（7-11）中的位移场函数如果连续可微，应变分量有解析解，再根据二维问题的物理方程——式（7-12），应力分量也有解析解。

$$\begin{cases} \varepsilon_x = \dfrac{\partial u}{\partial x} \\[6pt] \varepsilon_y = \dfrac{\partial v}{\partial y} \\[6pt] \gamma_{xy} = \dfrac{\partial v}{\partial x} + \dfrac{\partial u}{\partial y} \end{cases} \tag{7-11}$$

$$\begin{cases} \sigma_x = \dfrac{E}{1-\mu^2}(\varepsilon_x + \mu\varepsilon_y) \\[6pt] \sigma_y = \dfrac{E}{1-\mu^2}(\varepsilon_y + \mu\varepsilon_x) \\[6pt] \tau_{xy} = \dfrac{E}{2(1+\mu)}\gamma_{xy} \end{cases} \tag{7-12}$$

再根据有限元理论，如果用满足收敛条件的单元划分网格，例如协调元或已经通过分片试验的非协调元，于是当网格越密、单元越小时，有限元法计算得到的应力将收敛于解析解或真解[2]。下面用弹性力学中一个经典案例加以证明。

如图7-5所示，一个长为100mm，宽为60mm的薄板上开一小圆孔。创建四个有限元网格，单元尺寸从10.0mm到1.0mm依次递减，即网格依次加密。计算结果表明，最密网格的孔边最大应力（30.8MPa）最接近于理论解析解（30MPa），这一结果与弹性力学薄板上小孔应力集中处3倍于远离小孔处的名义应力的结论是一致的。如果将网格继续加密，应力的一致性会更好一些。

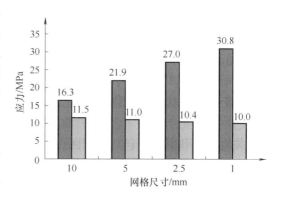

图7-5　不同网格的小孔应力
集中计算结果对比

这个例子表明，有限元法可以计算出应力集中，对三维问题也是如此，但是一定要注意，尽管采用了满足收敛条件的单元划分网格，应力集中的计算也是有条件的，即在计算对象的细节上应该不存在计算奇异性。

那么，什么是计算的奇异性呢？数学上某点的计算奇异性是这样定义的：如果函数在该点未定义，例如取值为无限大，那么该点存在计算奇异性；如果函数在该点不可微或导数不存在，那么该点也存在计算奇异性。

如前所述，焊接接头的一个显著特点是它包含了几何不连续性，例如，一个角焊缝的焊趾处就存在几何不连续性，于是它导致了位移场函数在焊趾处不可微或其导数不存在，在理论上，这必将导致计算应变分量的几何方程与计算应力分量的物理方程不可求，因此角焊缝的这个焊趾是计算奇异点，其应力集中就不可能被计算。

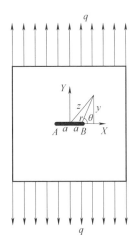

图 7-6　薄板中间有一个贯穿裂纹示意

其实，焊接结构的计算奇异性问题也发生在某些裂纹上，以图 7-6 所示的一条贯穿板厚的裂纹作为讨论对象，假设裂纹 AB 的长度为 $2a$，均匀拉伸载荷集度为 q，极坐标 r 为薄板中任意点到裂纹端点的距离。

这时，弹性力学理论给出了裂纹上应力的计算公式[2]：

$$\begin{cases} \sigma_x = q\sqrt{\dfrac{a}{2r}}\cos\dfrac{\theta}{2}\left(1-\sin\dfrac{\theta}{2}\sin\dfrac{3\theta}{2}\right), \\[3mm] \sigma_y = q\sqrt{\dfrac{a}{2r}}\cos\dfrac{\theta}{2}\left(1+\sin\dfrac{\theta}{2}\sin\dfrac{3\theta}{2}\right) \\[3mm] \tau_{xy} = q\sqrt{\dfrac{a}{2r}}\sin\dfrac{\theta}{2}\cos\dfrac{\theta}{2}\cos\dfrac{3\theta}{2}. \end{cases} \qquad (7\text{-}13)$$

仔细研究式（7-13），不难看出在 r 趋于零的裂纹端点，应力分量趋于无限大，虽然事实上应力分量不可能无限大，因为材料在裂纹端点总会有或大或小的塑性区，但是这表明应力场函数在裂纹端点不能被定义。按照计算奇异性的定义，裂纹端点的应力场函数在数学上是奇异的，这与前面讨论过的断裂力学理论中，只能用应力强度因子度量裂纹端点的应力场的概念是一致的。由于应力场函数在裂纹端点不能被定义，因此有限元法不可能直接计算出裂纹端点的应力集中。

可见，传统的设计标准，例如 BS7608，它们推荐用有限元法计算应力，但是有限元法又不能直接计算出奇异点上的应力集中。

为了避开在应力奇异点上有限元计算的困难，IIW 文件提出了一种计算方法[3]，即所谓的有效缺口应力法（effective notch stress method），这种方法的本质是：在创建有限元模型时，凡是应力奇异点，例如焊趾、焊根处，可用半径很小的圆弧将应力奇异点"磨光"，如图 7-7 所示，用 $R=1\text{mm}$ 的圆弧将焊趾、焊根"磨光"，这样一来，就可用有限元计算出该点的应力。

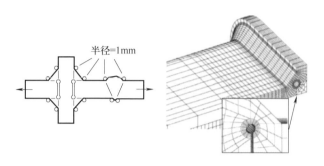

图 7-7　用有效半径为 1mm 的缺口模拟所有潜在疲劳裂纹萌生处

但是这并不是一个科学的计算方法，因为选择半径 1mm 的圆弧"磨光"奇异点，缺少理论根据，所以它只能被看作是一个基于经验的试凑方法。

另外，用 1mm 的圆弧"磨光"奇异点，创建有限元模型时只能用三维块体单元离散，对于像第 6 章中图 6-12 所示的焊接构架，应力奇异点到处都有，这将导致建模难，设计修改更难，工程应用的局限性将不可避免。

事实上，BS 7608、IIW 等标准使用有限元法计算应力时遇到的上述困难已经由来已久，而这些困难，直到董平沙教授从焊趾上的非线性应力中分离出结构应力之后，问题才算得到了彻底解决。

7.3　结构应力的定义与计算

图 7-8a 给出了外力作用下在焊缝截面上沿着厚度方向的应力分布，这个应力分布因含有缺口应力而呈现出高度非线性。虽然理论上或数值上直接求解这个非线性应力分布是很困难的，但是可以将这个高度非线性的应力进行分解[4]。分解后，第一部分应力是只与外力相关，且与外力互相平衡的那一部分；第二部分应力则是去掉了第一部分而余下的应力，称为缺口应力。第二部分应力虽然包含了非线性部分，但是由于第一部分已经与外力平衡，因此这部分应力的分布一定处于自平衡状态，图 7-8b 给出了应力分解的示意。

有了上述分析就可以定义第一部分为结构应力，第二部分为缺口应力，二者之和，就是原来截面上非线性应力的分布。这里忽略了剪切应力的影响，一个原因是它对焊缝开裂的贡献很小，如果剪切应力不能被忽略，那将是多轴疲劳问题，这里暂不讨论。

那么，为什么第一部分应力称为结构应力呢？因为它满足平衡条件并可以用结构学的方法计算得到。不失一般性，假设一个焊接接头的远场外力在截面上既有拉伸贡献的膜应力也有弯曲贡献的拉应力，参考图 7-8，与外力平衡的是膜应力与弯曲应力之和。在给定板厚以后，截面内均匀分布的膜应力为

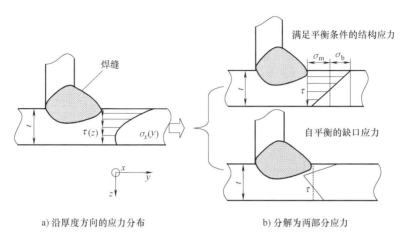

a) 沿厚度方向的应力分布　　　　　　b) 分解为两部分应力

图 7-8　截面内的应力分解示意

$$\sigma_{\mathrm{m}} = \frac{1}{t}\int_{-t/2}^{t/2}\sigma_x(y)\,\mathrm{d}y = \frac{f_y}{t} \tag{7-14}$$

而截面内产生的弯曲应力为

$$\sigma_{\mathrm{b}} = \frac{6}{t^2}\int_{-t/2}^{t/2}y\sigma_x(y)\,\mathrm{d}y = \frac{6m_x}{t^2} \tag{7-15}$$

由于已经定义的结构应力与外力平衡，因此结构应力即为膜应力与弯曲应力之和

$$\sigma_{\mathrm{S}} = \sigma_{\mathrm{m}} + \sigma_{\mathrm{b}} = \frac{f_y}{t} + \frac{6m_x}{t^2} \tag{7-16}$$

由式（7-16）可知，在计算结构应力时首先要计算线力 f_y 和线矩 m_x，线力与线矩是指焊线（焊线是为计算需要而自行定义的线，该线可以定义在焊缝里，也可以定义在热影响区，由于焊趾是焊接结构的薄弱处，所以通常将焊线定义在焊趾上）单位长度上的力与力矩。在有限元计算时，单元边上的分布载荷要向节点转化，而结构应力法在利用节点力求线力和线矩时，却是这个过程的逆过程，还要将有限元求得的节点力和力矩转化为线力和线矩。

如图 7-9 所示，节点 1 和 2 在 y 轴方向的节点力及绕 x 轴的力矩分别为 F_{y1}、F_{y2} 和 M_{x1}、M_{x2}；y 轴方向单元边的线力及绕 x 轴的线力矩分别为 f_{y1}、f_{y2} 和 m_{x1}、m_{x2}，根据力的平衡方程，可以求得式（7-17）。

$$\begin{Bmatrix} F_{y1} \\ F_{y2} \end{Bmatrix} = \begin{bmatrix} \dfrac{l}{3} & \dfrac{l}{6} \\ \dfrac{l}{6} & \dfrac{l}{3} \end{bmatrix}\begin{Bmatrix} f_{y1} \\ f_{y2} \end{Bmatrix} \quad \begin{Bmatrix} M_{x1} \\ M_{x2} \end{Bmatrix} = \begin{bmatrix} \dfrac{l}{3} & \dfrac{l}{6} \\ \dfrac{l}{6} & \dfrac{l}{3} \end{bmatrix}\begin{Bmatrix} m_{x1} \\ m_{x2} \end{Bmatrix} \tag{7-17}$$

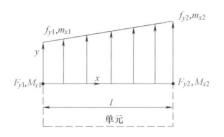

图7-9 两个节点时节点力及线力分布

求式（7-17）右侧项矩阵的逆可得

$$
\begin{Bmatrix} f_{y1} \\ f_{y2} \end{Bmatrix} = \begin{bmatrix} \dfrac{4}{l} & \dfrac{-2}{l} \\ \dfrac{-2}{l} & \dfrac{4}{l} \end{bmatrix} \begin{Bmatrix} F_{y1} \\ F_{y2} \end{Bmatrix} \qquad \begin{Bmatrix} m_{x1} \\ m_{x2} \end{Bmatrix} = \begin{bmatrix} \dfrac{4}{l} & \dfrac{-2}{l} \\ \dfrac{-2}{l} & \dfrac{4}{l} \end{bmatrix} \begin{Bmatrix} M_{x1} \\ M_{x2} \end{Bmatrix}
\tag{7-18}
$$

所以节点 1 及节点 2 的结构应力为

$$
\begin{Bmatrix} \sigma_{S1} \\ \sigma_{S2} \end{Bmatrix} = \frac{1}{t} \begin{bmatrix} \dfrac{4}{l} & \dfrac{-2}{l} \\ \dfrac{-2}{l} & \dfrac{4}{l} \end{bmatrix} \left(\begin{Bmatrix} F_{y1} \\ F_{y2} \end{Bmatrix} + \frac{6}{t} \begin{Bmatrix} M_{x1} \\ M_{x2} \end{Bmatrix} \right)
\tag{7-19}
$$

不失一般性，将一段焊缝划分成 n 个单元时，节点编号由 1 至 n，焊线上的各节点距离为 l_1 至 l_{n-1}，根据力的平衡方程，可求得各节点力 F_{yn} 与线力 f_{yn} 的对应关系。

$$
\{F_{y1}, F_{y2} \cdots F_{yn}\}^{\mathrm{T}} = \boldsymbol{L}\{f_{y1}, f_{y2} \cdots f_{yn}\}^{\mathrm{T}}
\tag{7-20}
$$

式中矩阵 $\boldsymbol{L}$ 只与节点距离相关，这里定义为单元长度等效矩阵

$$
\boldsymbol{L} = \begin{bmatrix}
\dfrac{l_1}{3} & \dfrac{l_1}{6} & 0 & 0 & \cdots & 0 \\
\dfrac{l_1}{6} & \dfrac{(l_1+l_2)}{3} & \dfrac{l_2}{6} & 0 & \cdots & 0 \\
0 & \dfrac{l_2}{6} & \dfrac{(l_2+l_3)}{3} & \dfrac{l_3}{6} & 0 & 0 \\
0 & 0 & \ddots & \ddots & \ddots & 0 \\
\vdots & \ddots & & \ddots & \dfrac{(l_{n-2}+l_{n-1})}{3} & \dfrac{l_{n-1}}{6} \\
0 & \cdots & \cdots & 0 & \dfrac{l_{n-1}}{6} & \dfrac{l_{n-1}}{3}
\end{bmatrix}
\tag{7-21}
$$

为计算方便，下面给出单元长度等效矩阵的逆矩阵 $\boldsymbol{L}^{-1}$

$$\boldsymbol{L}^{-1} = \begin{bmatrix} \left(\dfrac{3}{l_1}+\dfrac{1}{l_1+l_2}\right) & \dfrac{-2}{l_1+l_2} & \dfrac{1}{l_1+l_2} & 0 & \cdots & 0 \\[2ex] \dfrac{-2}{l_1+l_2} & \dfrac{4}{l_1+l_2} & \dfrac{-2}{l_1+l_2} & 0 & \cdots & 0 \\[2ex] 0 & \dfrac{-2}{l_2+l_3} & \dfrac{4}{l_2+l_3} & \dfrac{-2}{l_2+l_3} & 0 & 0 \\[2ex] 0 & 0 & \ddots & \ddots & \ddots & 0 \\[2ex] \vdots & \cdots & 0 & \dfrac{-2}{l_{n-2}+l_{n-1}} & \dfrac{4}{l_{n-2}+l_{n-1}} & \dfrac{-2}{l_{n-2}+l_{n-1}} \\[2ex] 0 & \cdots & 0 & \dfrac{1}{l_{n-2}+l_{n-1}} & \dfrac{-2}{l_{n-2}+l_{n-1}} & \left(\dfrac{1}{l_{n-2}+l_{n-1}}+\dfrac{3}{l_{n-1}}\right) \end{bmatrix} \quad (7\text{-}22)$$

由此可得线力与节点力的对应关系：

$$\{f_{y1}, f_{y2} \cdots f_{yn}\}^{\mathrm{T}} = L^{-1}\{F_{y1}, F_{y2} \cdots F_{yn}\}^{\mathrm{T}} \quad (7\text{-}23)$$

同理，线矩 m_x、节点力矩 M_x 与上述表达式形式相同，这样当有 n 个节点在相同的单元厚度 t 的情况下，各节点的结构应力 $\boldsymbol{\sigma}_n$、各节点力 $\boldsymbol{F}_{yn}$ 和力矩 $\boldsymbol{M}_{xn}$ 可用矩阵方式表示为

$$\boldsymbol{\sigma}_n = \frac{1}{t}\boldsymbol{L}^{-1}\left(\boldsymbol{F}_{yn}+\frac{6}{t}\boldsymbol{M}_{xn}\right) \quad (7\text{-}24)$$

式（7-24）即为结构应力计算公式，由上述分析及公式可见，结构应力有以下特征：

1）力学特征完全由外力模式与接头本身的板厚控制。

2）该公式是基于力的平衡概念而提出来的，且可以直接用结构力学公式计算。

3）在焊趾处，它给出了外力在焊趾上产生的应力集中。

4）在截面内，它给出了所在截面内沿着板厚方向的应力分布状态。

在利用有限元法计算结构应力时，要对给定的焊接结构创建有限元模型，这时最好采用板壳单元离散建模，当然也可以用三维块体单元离散建模，但是板的厚度方向至少要有两层以上的单元离散，且需要注意沿着板厚方向的节点要共线，因为只有这样才能如图 7-10 所示的那样将块体单元上的节点力顺利等效为板厚度中面

上的力与弯矩。

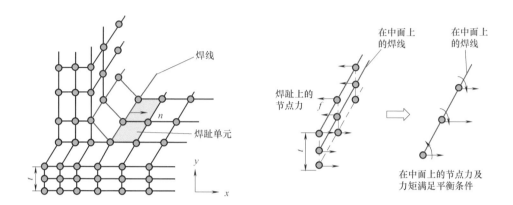

图 7-10 焊趾节点力和弯矩绕板中面在整个截面上力矩的形成

不管用哪一种模型，在建模时均需要根据焊缝焊趾的实际位置定义焊线，即焊缝的焊趾与焊线对应。有焊缝建模和无焊缝建模的板壳模型中的焊线定义如图 7-11 所示。

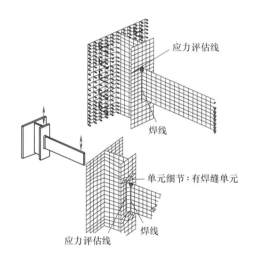

图 7-11 有焊缝建模和无焊缝建模的板壳模型中焊线的定义

在采用板壳单元模型时，模型中可以建立焊缝对应的单元，也可以在模型中不考虑焊缝对应的单元。理论上，这两者的计算结果相差很小，因为焊缝本身的单元对整体刚度的贡献很小。根据式（7-10）可以判断其对位移解的影响也将很小，而节点力的计算需要节点位移，因而对节点力的计算结果的影响也将很小。

基于力的平衡，可以将这些节点力等效为图 7-10 中等效的力与弯矩，然后利用式（7-24）可以得到线性系统下的结构应力的具体数值。

7.4 结构应力的力学解释与存在的试验证明

基于有限元的基本理论，网格不敏感的结构应力法的力学解释并不困难。结构应力的计算基础是认为截面上节点力的合力一定与外力平衡，这样在划分有限元网格时，假如在给定外力的前提下划分 20 个网格的节点力的合力与这个外力平衡，那么划分 10 个节点力的合力也应与这个外力平衡。

图 7-12a 给出的是一个承受拉伸疲劳的搭接接头。图 7-12b 给出了壳单元离散模型（假定 1/4 对称），图中搭接焊缝通过一排倾斜单元来表示，焊脚等于板厚 t。图 7-12c 给出了焊趾位置结构应力计算结果的归一化比较，其中壳单元类型不同：一个是 4 节点线性壳元，一个是 8 节点的二次壳元；网格大小也不同，它们的网格尺寸分别是 $0.5t$、t、$2t$，比较以后可以看到，尽管单元尺寸与单元类型的积分阶次不同，焊趾上基于结构应力的应力集中因子却基本相同。

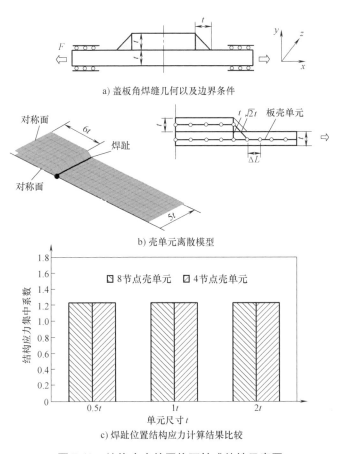

a) 盖板角焊缝几何以及边界条件

b) 壳单元离散模型

c) 焊趾位置结构应力计算结果比较

图 7-12 结构应力的网格不敏感特性示意图

事实上，网格不敏感的原因完全可以从力的平衡角度去解释，因为在外力给定的情况下，同样一条焊趾或焊线上的节点力的个数无论多少，其合力都将与这个外力平衡，所以结构应力对有限元网格一定不敏感。当创建有限元模型时，注意在基于虚功原理将节点力转换为线力或线力矩时，要有足够的节点。

注意，结构应力的网格不敏感与通常的应力计算过程中为了提高计算精度而加密网格是完全不同的两个思考方向，在计算结构应力时追求过细的网格是没有必要的。结构应力对有限元网格不敏感这一特点在应用过程中有重要的价值，因为这将显著降低有限元网格数量，从而降低了对计算机硬件能力的要求，在硬件配置不是很高的计算机上，也可以完成较大规模的计算任务。

与名义应力、热点应力的概念相比，结构应力本身的物理意义更为明确，因为它是基于力的平衡这样一个物理概念推演而得到的，是具有整体一致性的应力。既然结构应力的物理意义明确，那么结构应力的存在是否可以用试验的手段进行验证呢？下面将要给出的结构应力测量方法可以回答这个问题[4]。

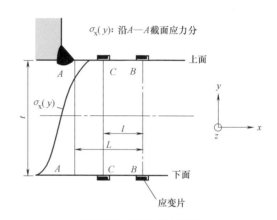

图 7-13　结构应力测量

如图 7-13 所示，结构应力定义中的膜力和弯曲分量可以通过同时在上表面和下表面使用一系列应变片的测试结果进行计算，例如 A—A 截面处的结构应力。如果两排应变片（B—B 截面和 C—C 截面）被置于焊趾附近为线性应力分布区域，则截面 B—B 和 C—C 处的弯曲应力可以基于上下表面的测量结果计算得到：

$$\sigma_b^B = \frac{1}{2}(\sigma_{Top}^B - \sigma_{Bottom}^B) \quad \sigma_b^C = \frac{1}{2}(\sigma_{Top}^C - \sigma_{Bottom}^C) \tag{7-25}$$

需要注意的是，如果截面 B—B 和 C—C 之间没有外载荷存在，则截面弯矩的变化可以表示为

$$\Delta M = \frac{I}{t/2}(\sigma_b^C - \sigma_b^B) \tag{7-26}$$

式中，I 是 z 方向单位长度的截面惯性矩。

注意到膜应力可以在测试中直接得到，这样在焊缝（A—A）处的结构应力就可以根据相应于 B—B 和 C—C 处的弯曲应力使用外推方法进行计算：

$$\sigma_b = \sigma_b^B + \frac{L}{l}(\sigma_b^C - \sigma_b^B) \qquad \sigma_S = \sigma_{Top}^B + \frac{L}{l}(\sigma_b^C - \sigma_b^B) \tag{7-27}$$

　　美国 Battelle 焊接研究所对结构应力进行了试验测试,对有限元计算的结构应力与试验测量的结果进行了对比。图 7-14 是一个典型的测量试验,图中给出了实际应变片的布置位置,图 7-15 和图 7-16 总结了对比结果[5,6]。

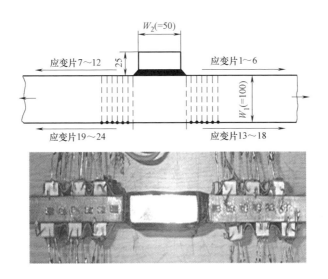

图 7-14　结构应力测量试验

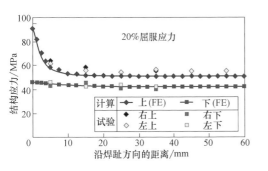

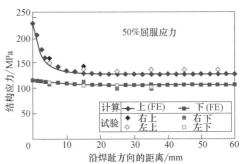

图 7-15　20%屈服应力载荷情况下
结构应力计算与试验对比

图 7-16　50%屈服应力载荷情况
下结构应力计算与试验对比

　　试验得到的结构应力的误差是由于试验手段的误差引起的,对于基于应变片的测量方法是可以接受的。为了降低误差的影响,使用位于试样左右两侧对称位置应变片的平均值,以确定焊趾位置结构应力,通过这样的处理,在 20%屈服载荷和 50%屈服载荷之间测量的结构应力结果基本一致,而且试验测量计算的结果和使用节点力计算的结果基本相同。

7.5 本章小结

由于结构应力与有限元方法有不解之缘，也为了加深对结构应力对网格不敏感的理解，本章在前面概要地介绍了一些有限元法的基础知识，例如如何基于能量原理将微分方程转化为线性代数方程组，进行有限元法与应力集中的计算，以及如何从结构整体位移导出单元节点力。

针对名义应力在描写焊接结构疲劳行为时所表现出的局限性，本章讨论了另外一个特殊的应力——结构应力，结构应力具有以下特点：

1）在外载荷作用下，焊趾所在截面上高度非线性的应力状态不管多么复杂，总是可以分解为两部分，如果一部分应力能与外载荷平衡，那么其余部分应力必然自平衡，这样与外载荷平衡的那一部分应力对焊缝疲劳开裂的驱动就等价于外载荷的驱动，而结构应力恰是这一部分。从技术上看，这种分解过程是极为关键的技术突破。

2）结构应力是研究焊接结构疲劳失效机理时的一个极为重要的力学参量，是外载荷在焊趾或焊根处所引起的应力集中的度量。其次，它给出的是截面上的应力分布，也是裂纹扩展时的驱动力。这样从结构应力到应力强度因子，再从应力强度因子到疲劳寿命积分计算就有机地关联起来了。

3）因服役功能需要，包括高速动车组在内的焊接结构均具有一定程度的结构局部不连续性，传力路径上的这种结构局部不连续性导致的不同程度的应力集中是不可避免的，问题是：这些应力集中究竟在哪些焊缝上的哪些位置上发生？其峰值是否在设计要求的安全范围之内？这就需要在设计阶段给出一个科学判断，具体地说，就是焊缝上应力集中的有效识别，如果识别有误，将问题传递给位于下游的物理验证，其代价将是很大的，而结构应力则具有这个识别功能。

4）由于结构应力的基础是基于力的平衡关系提出的，而力的平衡关系对节点的多少并不敏感，因此结构应力就具有了网格不敏感这样的特点，这种网格不敏感特点在工程应用中是非常重要的。

参 考 文 献

[1] 库克 R D. 有限元分析的概念和应用 [M]. 程耿东，何穷，张国荣，译. 北京：科学出版社，1981.

[2] 徐芝纶. 弹性力学 [M]. 2版. 北京：人民教育出版社，1982.

[3] BERTIL JONSSON, et al. IIW Guidelines on Weld Quality in Relationship to Fatigue Strength [Z]//IIW Collection. 2016.

[4] DONG P S, HONG J K, OSAGE D A, et al. The master S-N curve method an implementation for fatigue evaluation of welded components in the ASME B&PV Code Section Ⅷ, Division 2 And API579-1/ASME FFS-1 [M]. New York：WRC Bulletin, 2010.

［5］　Guide for application of the mesh insensitive methodology Welded steel plates of ship and offshore structures：NT-3199/DR/Mhu ［S］，Marine & Offshore，2012.

［6］　DONG P S. A Robust Structural Stress Method for Fatigue Analysis of Offshore/Marine Structures ［J］，ASME Transaction：J. of Offshore Mechanics and Arctic Engineering，February，2005，127：68-74.

第 8 章

主S-N曲线

第4章已经指出焊接结构具有两种特有的失效模式，即焊趾失效的模式A与焊根失效的模式B。焊接接头抗疲劳设计时的一个原则是保证焊缝尺寸足够大，从而避免焊根失效的模式B，或者将模式B转化为模式A，其理由是焊根缺陷难以量化定义，然而从断裂力学的角度看，二者开裂失效机理相同，因此不失一般性，本章仅讨论模式A的焊趾疲劳开裂。

在讨论焊趾疲劳开裂之前，已经承认焊趾处的微小裂纹在外载荷作用之前就已经存在这样一个客观事实，因此焊趾处微小裂纹的开裂行为就完全有理由用断裂力学的理论来加以研究，因为断裂力学理论的基本假设是承认研究对象中已经有了裂纹，或者有了某种可以认为是裂纹的缺陷，这一观点与 Gurney 博士的观点也是一致的。

本章将基于上一章中结构应力的力学内涵，重点讨论基于断裂力学理论怎样实现主S-N 曲线的推导[1]。

如第3章所述，影响断裂力学中裂纹扩展速度的关键因素是应力强度因子 K 值，同时第7章还指出了焊趾所在截面内的非线性应力可以分解为结构应力与缺口应力两个部分，前者与外载荷对应，后者与缺口几何对应，因此关于 K 值的评估也分解成两部分讨论：一是基于结构应力的 K 值评估；二是基于缺口应力的 K 值评估。

8.1 基于结构应力的 K 值评估

从工程应用的观点看，网格不敏感结构应力的确定过程可以作为一种应力转换方法，它将复杂结构给定的三维区域实际应力等效转换为二维几何简单应力状态，如第3章图3-2所示，这样在断裂力学中结构应力将膜和弯曲分力作为远场应力 σ^{∞}，应力强度因子 K 可以通过以下方法评估：

1）计算任意焊缝所感兴趣区域的结构应力。

2）在现有的 K 解中，将结构应力的膜和弯曲分力作为远场应力，采用叠加原理求解。下面首先讨论无缺口应力影响的 K 值求解，然后再考虑有缺口应力影响的 K 值求解。

8.1.1 无缺口效应的 K 值求解

这部分内容是要建立通用的 K 估值方法，以使它能用于几乎所有的接头形式和载荷状态，这样和不同接头形式以及载荷状态相关的等效结构应力就可以被明确地推导出来。结构应力的 K 估值为通用的 K 估值提供了便利方法，下面将分别考虑两种情况：板边裂纹的 K 值求解和椭圆裂纹的 K 值求解。

1. 板边裂纹的 K 值求解

对于板厚为 t、边缘裂纹深度为 a、远端承受膜应力 σ_{m}^{t} 和弯应力 σ_{b}^{t} 的二维试样，在没有缺口效应的 I 模式（张开型）的应力强度因子 K_{n}，可以应用叠加原理求得，即：受膜应力时的应力强度因子 K_{nm} 与受弯曲应力时的应力强度因子 K_{nb} 之和：

$$K_{n} = K_{nm} + K_{nb} = F_{m}\sigma_{m}^{t}\sqrt{\pi a} + F_{b}\sigma_{b}^{t}\sqrt{\pi a}$$
$$= \sqrt{t}\,(f_{m}\sigma_{m}^{t} + f_{b}\sigma_{b}^{t}) \tag{8-1}$$

式（8-1）中的形状参数 f_{m} 及 f_{b}，分别对应膜应力和弯曲应力情况下的形状参数，可通过权函数法求得，或直接查找应力强度因子手册[1]。

$$f_{m} = \left[0.752 + 2.02\left(\frac{a}{t}\right) + 0.37\left(1 - \sin\frac{\pi a}{2t}\right)^{3}\right]\frac{\sqrt{2\tan\dfrac{\pi a}{2t}}}{\cos\dfrac{\pi a}{2t}} \tag{8-2}$$

$$f_{b} = \left[0.923 + 0.199\left(1 - \sin\frac{\pi a}{2t}\right)^{4}\right]\frac{\sqrt{2\tan\dfrac{\pi a}{2t}}}{\cos\dfrac{\pi a}{2t}}$$

如先前所讨论，σ_{m}^{t} 和 σ_{b}^{t} 表示远场的结构应力分量，认为与整个厚度 t 上的定义有关，如图 8-1 所示。一旦获得结构应力，应力强度因子就很容易从式（8-1）计算得到。

2. 椭圆裂纹形态下的 K 值求解

一旦获得结构应力分量（σ_{m}^{t}，σ_{b}^{t}），相应的椭圆裂纹 K 值求解就可以通过和板边裂纹 K 值求解一样的方法建立。可参阅文献［2］，与简单拉伸（σ_{0}^{m}）和简单弯曲（σ_{0}^{b}）类似，沿着厚度方向分布的结构应力有

$$\sigma_{0}^{b} = \frac{2a}{t}\sigma_{b}^{t} \qquad \sigma_{0}^{m} = \sigma_{m}^{t} + \sigma_{b}^{t} - \frac{2a}{t}\sigma_{b}^{t} \tag{8-3}$$

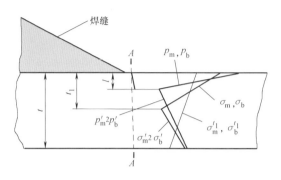

图 8-1 沿厚度方向自平衡的应力对小裂纹应力强度因子的影响

式（8-4）是文献［2］给出的椭圆裂纹应力强度因子 K 的解

$$K_n = \sigma_S^t \sqrt{t} \sqrt{\pi \frac{\dfrac{a}{t}}{Q} \left[Y_0 - 2r \left(\frac{a}{t} \right) (Y_0 - Y_1) \right]} \tag{8-4}$$

式中，$\sigma_S^t = \sigma_m^t + \sigma_b^t$，$r = \sigma_b^t / \sigma_S^t$，空间参数 Q、Y_0 和 Y_1 可以从文献［2］中查到。

8.1.2 有缺口效应的 *K* 值求解

1. 缺口应力估算

如先前所讨论，自平衡应力反映了缺口效应的响应，且不影响假定裂纹平面的整体平衡（图 8-1 中 A—A 截面）。但是当裂纹无限小时的应力状态下，自平衡的应力分布将扩大局部应力强度从而影响裂纹的扩展。

为了使自平衡的应力状态与应力强度因子求解相联系，利用平衡原理，在假定的裂纹面上（实际并不存在），定义等效的裂纹面上的应力 p_m 和 p_b。为了实现这一目的，假定由缺口引起的自平衡应力可以根据具有任意裂纹深度 l（图 8-1），且以 p_m 和 p_b 表示的等效平衡应力得到，如图 8-1 中任意给定的裂纹深度 l，可以通过 σ_m^t、σ_b^t、σ_m 和 σ_b 在另外的交叉区域重新分配而完成对 p_m 和 p_b 的计算。$a_1 = l/t$ 表示相对裂纹，省略中间推导过程后可以得到：

$$p_m = \left(\frac{1}{2a_1} - \frac{3}{2} + a_1 \right) \sigma_m^{t_1} - \left(\frac{1}{2a_1} - \frac{3}{2} + a_1 \right) \sigma_b^{t_1} - \left(\frac{1}{2a_1} - \frac{5}{2} + a_1 \right) \sigma_m + \left(\frac{1}{2a_1} - \frac{1}{2} \right) \sigma_b \tag{8-5}$$

$$p_b = \left(\frac{1}{2a_1} + \frac{1}{2} - a_1 \right) \sigma_m^{t_1} - \left(\frac{1}{2a_1} + \frac{1}{2} - a_1 \right) \sigma_b^{t_1} - \left(\frac{1}{2a_1} + \frac{1}{2} - a_1 \right) \sigma_m + \left(\frac{1}{2a_1} + \frac{1}{2} \right) \sigma_b \tag{8-6}$$

这样缺口应力的自平衡条件就因此而被保留下来。

2. 有缺口效应的应力强度因子

如上面所讨论的缺口应力具有假定裂纹面（图 8-1）的应力自平衡的特点，在断裂力学的文章中被表达为式（8-5）和式（8-6）。设 $a = 1$，并用式（8-1）和二维板边裂纹试样有关的叠加方法，于是包括缺口效应 I 模式（张开型）的应力强度因子在任意给定的裂纹大小为 a 的情况下，其表达式为

$$K=\sqrt{t}\,p_{\mathrm{S}}\left[f_{\mathrm{m}}-r_1\frac{t}{a}(f_{\mathrm{m}}-f_{\mathrm{b}})\right] \tag{8-7}$$

式中，$p_{\mathrm{S}}=p_{\mathrm{m}}+p_{\mathrm{b}}$，$r_1=p_{\mathrm{b}}/p_{\mathrm{S}}$。

同样，对于椭圆裂纹，缺口应力强度因子可表达为

$$K=p_{\mathrm{S}}\sqrt{t}\sqrt{\frac{\pi\dfrac{a}{t}}{Q}}\left[Y_0-2r_1(Y_0-Y_1)\right] \tag{8-8}$$

p_{m} 和 p_{b} 已经在式（8-5）和式（8-6）中给出。

8.2 特征深度与缺口应力强度放大因子

8.2.1 特征深度

在迄今所报道的所有应力强度因子 K 的计算中，都是假设裂纹深度是板厚的 1/10 来定义局部厚度的结构应力，而且局部缺口应力效应只在 $a/t\leqslant0.1$（a 为裂纹深度）时显著。T 形接头的 K 与 a/t 的关系如图 8-2 所示。

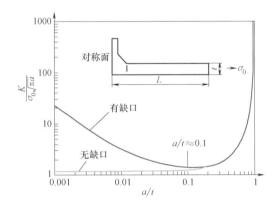

图8-2 T形接头的 K 与 a/t 关系

基于式（8-1），没有缺口效应的应力强度因子在 a/t 从 0 到 0.1 之间变化时缓慢增长。事实上，应力强度因子的求解在 $a/t\leqslant0.1$ 时受影响，应力强度因子受远场应力（$\sigma_{\mathrm{m}}^{\mathrm{t}}$，$\sigma_{\mathrm{b}}^{\mathrm{t}}$）的影响更显著，因此板厚的 1/10 可以作为特征深度来表达缺口应力效应的影响。对接近板厚的 1/10 的局部厚度结构应力（σ_{m}，σ_{b}）进行计算，通过一系列的计算分析表明，得到的应力强度因子解并没有明显变化，即使在裂纹深度为板厚的 1/5 时也成立。

8.2.2　缺口应力强度放大因子

由缺口引起的应力强度特性可以很方便地用式（8-9）所定义的应力强度放大因子 M_{kn} 来表达，K 的导数与 K 的关系如图 8-3 所示。

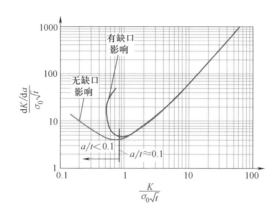

图 8-3　K 的导数与 K 的关系（应力强度因子求解只在 $a/t<0.1$ 时受影响）

$$M_{kn}=\frac{K(\text{有局部缺口的影响})}{K_n(\text{基于厚度方向的 }\sigma_m^t\text{ 和 }\sigma_b^t)}\qquad(8\text{-}9)$$

式中，K 代表由远场应力和局部缺口应力效应引起的应力强度因子的总和；K_n 只代表远场应力对应力强度因子的贡献，如式（8-1）或式（8-4）所示；M_{kn} 代表实际应力状态下自平衡那部分所表现出来的缺口应力集中的影响。

值得注意的是式（8-9）中所定义的 M_{kn}，尽管类似于有尖锐缺口的焊接接头欧洲工业标准中所谓的 M_k 因子，但式（8-9）中的分母代表的是贯穿厚度方向上的结构应力的应力强度因子，而不是名义应力的应力强度因子。

由于试验数据与板边裂纹的拟合数据有较好的一致性，所以采用了板边裂纹有局部缺口影响的 K 表达式

$$\begin{aligned}K=K_T+K_B&=\sqrt{t}\,(\sigma_m M_{knT}f_m+\sigma_b M_{knB}f_b)\\&=\sqrt{t}\,\sigma_S M_{knT}\left[f_m-r\left(f_m-\frac{M_{knB}}{M_{knT}}f_b\right)\right]\end{aligned}\qquad(8\text{-}10)$$

式中，$r=\sigma_b/\sigma_S$，M_{knT} 代表纯拉（$r=0$）接头的 M_{kn}，M_{knB} 代表纯弯曲（$r=1$）接头的 M_{kn}，那么结合式（8-1），可得任意给定 r 下的 M_{kn} 为

$$M_{kn}=\frac{M_{knT}f_m-r(M_{knT}f_m-M_{knB}f_b)}{f_m-r(f_m-f_b)}\qquad(8\text{-}11)$$

M_{knT} 和 M_{knB} 已经通过试验建立了函数关系[2]，这样就可以在任意接头类型和载荷条件下求解缺口应力强度放大因子 M_{kn}。

8.3 两阶段裂纹扩展模型

目前所提出的缺口应力强度因子的求解过程表明：如果考虑尖锐的缺口，那么作为裂纹尺寸函数的非单调性的 K 可以在裂纹尖端附近，此外包括 M_{kn} 中的 K 在 $a/t \approx 0.1$ 时开始消失，这样就可以假设在 $a/t \leq 0.1$ 至 $a/t > 0.1$ 时，裂纹扩展过程以两个不同的 K 为表达式。按照这个观点，在缺口形式中的应力强度因子的求解可分为两阶段，可以通过从 $0<a/t<0.1$（"小裂纹"）到 $0.1 \leq a/t \leq 1$（"长裂纹"）全范围的裂纹扩展模式来共同定义，于是根据 Paris 公式可统一为式（8-12）。

$$\frac{\mathrm{d}a}{\mathrm{d}N} = C\left[f_1(\Delta K)_{a/t \leq 0.1} f_2(\Delta K)_{a/t > 0.1}\right] \tag{8-12}$$

ΔK 指的是符合远端应力范围的应力强度因子变化范围，考虑到以无量纲形式表达的应力强度放大因子 M_{kn} 定义的优点，并假定 $f_1(\Delta K)_{a/t \leq 0.1}$ 和 $f_2(\Delta K)_{a/t > 0.1}$ 都符合能量规律，则式（8-12）可以写为

$$\frac{\mathrm{d}a}{\mathrm{d}N} = C(M_{kn})^n(\Delta K_n)^m \tag{8-13}$$

M_{kn} 和 K_n 已经在式（8-9）中有所讨论，而指数 n 和 m 将要根据典型的"短"裂纹和"长"裂纹的试验数据来确定。

缺口效应只在 $a/t = 0.1$ 时是显著的，即可以将 K 近似地以 $a/t = 0.1$ 的位置将裂纹大小分成短裂纹 K 和长裂纹 K。通过试验数据分析 M_{kn} 的指数为 $n=2$，表明在分析的数据中，缺口尖端所包含的弹性变形和弹性区大小（ΔK^2 比例）仍控制着裂纹扩展。

通过裂纹扩展率的数据分析，表明当裂纹从缺口根部产生时，缺口效应使 ΔK 迅速下降，一旦缺口效应丧失，单调增长的 ΔK 开始显示出典型的长裂纹扩展特征。

为了使用式（8-13）中的两阶段扩展规律，对于每一个接头几何结构和载荷条件需要依据不同的情况计算出 M_{kn}。当裂纹深度较浅时，基于板边裂纹和椭圆裂纹的 K 值的求解明显不同。基于板边裂纹的 M_{kn} 求解适用于所有的情况而不会引起大的误差。此外，在所有的情况下，在 $a/t \approx 0.1$ 时，缺口引起的应力强度放大因子就会消失。

8.4 等效结构应力和主 S-N 曲线计算公式

由于将裂纹扩展过程划分为短裂纹和长裂纹两个阶段，下面可以采用统一的 Paris 公式将短裂纹增长与长裂纹的增长统一起来。

$$da/dN = C (M_{kn})^n (\Delta K_n)^m \tag{8-14}$$

对式（8-14）进行积分，可以得到从小裂纹到穿透厚度 t 的疲劳寿命预测表达式：

$$N = \int_{a_i/t \to 0}^{a/t=1} \frac{t d(a/t)}{C (M_{kn})^n (\Delta K)^m} = \frac{1}{C} t^{1-\frac{m}{2}} (\Delta \sigma_S)^{-m} I(r) \tag{8-15}$$

式中 ΔK 为应力强度因子变化范围，其表达式为

$$\Delta K = \sqrt{t} [\Delta \sigma_m f_m(a/t) + \Delta \sigma_b f_b(a/t)] \tag{8-16}$$

$f_m(a/t)$ 和 $f_b(a/t)$ 与式（8-1）中的形状参数 f_m 及 f_b 相同，分别为膜应力和弯曲应力单独作用时确定应力强度因子范围的无量纲函数。

$$f_m(a/t) = 1.12 \sqrt{\pi \frac{a}{t}}$$

$$f_b(a/t) = 1.12 \sqrt{\pi(a/t)} \left(1 - \frac{4(a/t)}{\pi} \right) \tag{8-17}$$

$I(r)$ 为弯曲比 r 的无量纲函数。

$$I(r) = \int_{a_i/t \to 0}^{a/t=1} \frac{d(a/t)}{(M_{kn})^n \left[f_m\left(\frac{a}{t}\right) - r\left(f_m\left(\frac{a}{t}\right) - f_b\left(\frac{a}{t}\right)\right) \right]^m} \tag{8-18}$$

$$r = \frac{|\Delta \sigma_b|}{|\Delta \sigma_s|} = \frac{|\Delta \sigma_b|}{|\Delta \sigma_m| + |\Delta \sigma_b|} \tag{8-19}$$

式中，$\Delta \sigma_m$ 为膜应力变化范围；$\Delta \sigma_b$ 为弯曲应力变化范围。

理论上，由式（8-15）可以计算出寿命，但是从工程应用的角度出发，式（8-15）中的两个常数需要用大量的疲劳试验数据修正。

令
$$\Delta S_S = \frac{\Delta \sigma_S}{t^{(2-m)/2m} I(r)^{-1/m}} \tag{8-20}$$

数据拟合修正以后的计算公式为

$$N = (\Delta S_S / C_d)^{-1/h} \tag{8-21}$$

式中，C_d，h 为表 8-1 中的试验常数。

式（8-20）中的 $I(r)$，因采用解析法求解困难，所以一般通过数值拟合的方法获得。

这里需要强调指出，$I(r)$ 中含初始裂纹参数，而初始裂纹尺寸能够对最终寿命预测结果产生重大的影响，关于这一点将在第 12 章中进行讨论。

还应当指出，迄今为止所讨论的应力强度因子的解决方案都是基于载荷控制条件的，即：在疲劳裂纹的整个生命周期中，都是用结构应力来表现的，但是使用结构应力的位移控制条件简单估算 K 值的方法来考虑焊接残余应力对疲劳寿命的影响时，其精度已被证明是足够好的。

在某些试验条件下，是应该考虑位移控制条件的。然而，到目前为止所发表的

大多数的文献数据都是基于载荷控制条件的。正如董平沙教授所讨论的那样，结构应力的位移控制解决方案是充分考虑焊缝残余应力的正确方法。图8-4给出了这样的一个证明。

在位移控制条件下的K值的求解已被三维有限元方法（FEM）证明是可行的[2]，它不考虑弯曲分量σ_b的载荷控制条件下半无限体的典型的边缘裂纹解决方案。图8-4说明了在纯弯曲工况下，K在载荷控制条件下与位移控制条件下性能的不同，当a/t非常小时，两种解决方法在本质上是相同的。当a/t增长到大于0.1（临界深度）时两种方案开始相互偏离，与载荷控制条件相对应的K作为裂纹尺寸的函数单调递增，而与位移控制条件相对应的K迅速下降，并在$a/t=0.8$时降到0。

图8-5给出了数值求解$I(r)$得到的拟合曲线。试验数据表明，在位移控制条件下的焊接接头疲劳寿命要高于载荷控制条件下的寿命，在载荷控制条件下，$a=0$时$I(r)$可拟合为式（8-22）；在位移控制条件下，$I(r)$可拟合为式（8-23）。

$$I(r)^{\frac{1}{m}} = \frac{1.23 - 0.364r - 0.17r^2}{1.007 - 0.306r - 0.178r^2} \tag{8-22}$$

$$\begin{aligned}I(r)^{\frac{1}{m}} = &\, 2.1549r^6 - 5.0422r^5 + 4.8002r^4 - 2.0694r^3 + \\ &\, 0.561r^2 + 0.0097r + 1.5426\end{aligned} \tag{8-23}$$

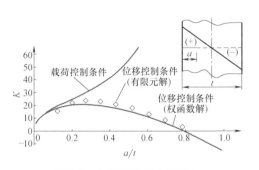

图8-4 在载荷控制条件下与
位移控制条件下的K解

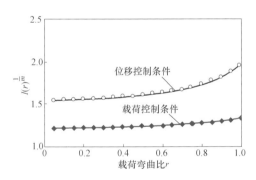

图8-5 $I(r)$的拟合曲线

式（8-21）非常重要，由于它是基于结构应力推导而得到的，因此可以将其命名为基于结构应力的疲劳寿命计算公式，式中ΔS_s是等效结构应力变化范围。从式（8-20）中可以看出，等效结构应力变化范围是三个参数的综合：结构应力变化范围$\Delta\sigma_s$、板厚t、描写膜应力与弯曲应力状态的$I(r)$。

至此，将式（8-21）改写为：$N = C_0/(\Delta S_s)^{1/h}$，然后将它与基于名义应力的疲劳寿命计算公式$N = C/(\Delta\sigma)^m$放在一起，会发现这两个计算疲劳寿命的公式形式上非常相似，分子均是由试验确定的常数项，分母均是由外载荷确定的应力项，只不过是名义应力法中以名义应力变化范围为参数，结构应力法中以等效结构应力变化范围为参数。考虑到两个 *S-N* 公式的相似性，因此式（8-21）也被命名为主 *S-N* 曲线方程。

等效结构应力变化范围 ΔS_s 可以用来把不同的接头形式、厚度、加载模式的疲劳 *S-N* 数据有效地统一起来。图 8-6 给出了用等效结构应力将不同类型的 *S-N* 数据的有效统一。

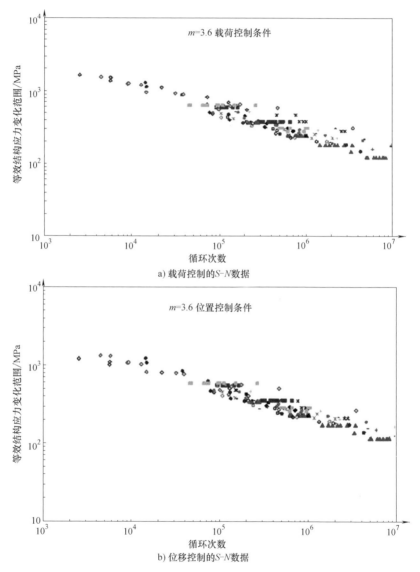

a) 载荷控制的*S-N*数据

b) 位移控制的*S-N*数据

图 8-6 不同类型的 *S-N* 数据的有效统一

注：图中符号代表不同样件的实验数据。

同时从图 8-6 的统计中也证明了断裂力学中用把疲劳损伤过程当作裂纹扩展过

程的方法来解释大量不同接头类型的 S-N 数据时的优势，更重要的是，就 ΔS_S-N 而言，从各种不同类型的接头形式、加载方式已经证明了主 S-N 曲线的存在。

为了验证主 S-N 曲线方程的有效性，美国 Battelle 试验中心对比分析了自 1947 年以来的近 1200 个焊接疲劳试验的数据。在图 8-7 所示的数据中，包括了下列重要信息。

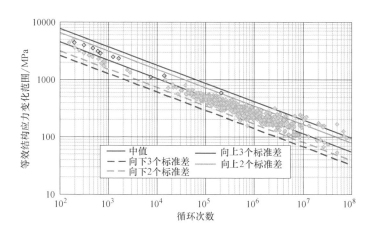

图 8-7　主 S-N 曲线试验数据

1）材料：钢的屈服强度的范围为 180~1200MPa。

2）板厚的变化范围为 1.5~104mm。

3）接头类型有 T 形接头、搭接接头、十字接头、纵向补强板焊缝、电阻点焊等。

4）载荷条件：纯远端拉伸、纯远端弯曲以及二者之间的不同组合。

如图 8-7 所示，以等效结构应力变化范围 ΔS_S 表达的 S-N 曲线数据分布范围狭小，这就意味着基于名义应力的试验数据在考虑了三个因素之后都被压缩到一条窄带中，而这个窄带与通常的 S-N 曲线相似，因此又将这个窄带称为主 S-N 曲线，换句话说，它可以用一条数学上的 S-N 曲线有效地替代以前的多条 S-N 曲线族。

关于在 ΔS_S-N 图中结构应力范围的实际斜率，在考察了大量关于焊接接头的疲劳数据之后发现，所有的 S-N 数据都可以通过裂纹扩展指数 $m \approx 3.6$ 很好地联系起来。

表 8-1 还给出了不同概率分布下的主 S-N 曲线试验统计常数[3]，这些数据被进一步推广应用之前，人们又投入了大量的精力来验证主 S-N 曲线参数的正确性。这些验证数据涵盖了汽车工业、石化工业、海上船舶以及核工业等各种工程领域，验证的结果证明了这些参数是可靠的。

表 8-1 主 *S-N* 曲线参数表（钢材）

统计依据	C_d	h
中值	19930.2	
$+2\sigma$	28626.5	
-2σ	13875.7	0.3195
$+3\sigma$	34308.1	
-3σ	11577.9	

因此在 2007 年，这些数据经大批专家严格论证之后被写进美国 ASME BPVC Ⅷ-2-2007 的标准里。目前，主 *S-N* 曲线的数据又得到了进一步的丰富，例如铝焊接接头的主 *S-N* 曲线数据，在腐蚀环境下焊接接头的主 *S-N* 曲线数据，以及对焊缝进行各种不同工艺处理的主 *S-N* 曲线数据等。

最后还要讨论一下焊接残余应力与主 *S-N* 曲线方程的关系。在计算疲劳寿命的公式中可看出等效结构应力是关键因素，而残余应力的影响已经包含在主 *S-N* 曲线数据里，所以残余应力的存在并不会对焊接结构疲劳寿命的计算产生根本性影响。

8.5 ASME 标准中焊接结构的疲劳寿命评估

ASME BPVC Ⅷ-2-2015（以下简称 ASME（2015）标准）的第 5 章第 5 节 "Fatigue assessment of welds-elastic analysis and structural stress"[3]，给出了基于结构应力法预测焊接结构疲劳寿命的概述与步骤。理解与熟悉这些步骤将有益于实现疲劳寿命计算的程序编写。

疲劳寿命评估的控制应力是在假设裂纹面的法线方向上与膜应力和弯曲应力相关的结构应力。本方法推荐对未经过打磨处理的焊接接头进行评估，经过打磨处理的焊接接头可使用 ASME（2015）标准的 5.5.3 或 5.5.4 中提供的数据进行评估，但是建议在设计阶段不要采用打磨以后的计算结果，因为打磨后数据有一定的离散性。

下面给出的是基本的评估步骤。

第 1 步：确定加载历史，加载历史应包括施加于构件的所有重要的载荷与事件。

第 2 步：对焊接接头中不同的疲劳评估点，利用循环计数法确定各个位置的应力应变循环次数，这里定义周期应力总循环次数为 M。

第 3 步：确定第 2 步中已经得到的第 k 个循环开始和结束点上假设裂纹面法向的弹性膜应力和弯曲应力（开始点为 m_t，结束点为 n_t）。利用这些数据，计算起始点膜应力和弯曲应力的变化范围，计算最大应力、最小应力、应力变化范围、平均应力变化范围。

弹性膜应力的变化范围 $\Delta\sigma_{m,k}^{e} = {}^{m}\sigma_{m,k}^{e} - {}^{n}\sigma_{m,k}^{e}$。

弹性弯曲应力的变化范围 $\Delta\sigma_{b,k}^{e} = {}^{m}\sigma_{b,k}^{e} - {}^{n}\sigma_{b,k}^{e}$。

循环中应力最大变化范围 $\sigma_{max,k} = max\left[\left({}^{m}\sigma_{m,k}^{e} + {}^{m}\sigma_{b,k}^{e} \right), \left({}^{n}\sigma_{m,k}^{e} + {}^{n}\sigma_{b,k}^{e} \right) \right]$。

循环中应力最小变化范围 $\sigma_{min,k} = min\left[\left({}^{m}\sigma_{m,k}^{e} + {}^{m}\sigma_{b,k}^{e} \right), \left({}^{n}\sigma_{m,k}^{e} + {}^{n}\sigma_{b,k}^{e} \right) \right]$。

循环中应力平均变化范围 $\sigma_{mean,k} = \dfrac{\sigma_{max,k} + \sigma_{min,k}}{2}$。

第4步：计算第 k 个循环的弹性结构应力变化范围 $\Delta\sigma_{k}^{e} = \Delta\sigma_{m,k}^{e} + \Delta\sigma_{b,k}^{e}$。

第5步：计算第 k 个循环的等效结构应力变化范围

$$\Delta S_{S,k} = \frac{\Delta\sigma_{k}}{t_{S}^{\left(\frac{2-m_{S}}{2m_{S}}\right)} I^{\frac{1}{m_{S}}} f_{M,k}} \tag{8-24}$$

式中，$m_{S} = 3.6$。对国际单位制，厚度 t、应力变化范围 $\Delta\sigma_{k}$、等效结构应力变化范围 $\Delta S_{S,k}$ 的单位分别取为 mm、MPa、MPa/mm$^{(2-m_{S})/2m_{S}}$。对英制单位，厚度 t、应力变化范围 $\Delta\sigma_{k}$、等效结构应力变化范围 $\Delta S_{S,k}$ 的单位分别取为 in、ksi、ksi/in$^{(2-m_{S})/2m_{S}}$。

如果 $t \leq 16mm$（0.625in）则 $t_{S} = 16mm$（0.625in）；

如果 $16mm$（0.625in）$\leq t \leq 150mm$（6in）则 $t_{S} = t$；

如果 $150mm$（6in）$\leq t$ 则 $t_{S} = 150mm$（6in）；

$$I^{\frac{1}{m_{S}}} = \frac{1.23 - 0.364R_{b,k} - 0.17R_{b,k}^{2}}{1.007 - 0.306R_{b,k} - 0.178R_{b,k}^{2}} \tag{8-25}$$

$$R_{b,k} = \frac{|\Delta\sigma_{b,k}|}{|\Delta\sigma_{m,k}| + |\Delta\sigma_{b,k}|} \tag{8-26}$$

如果 $\begin{cases} \sigma_{mean,k} \geq 0.5S_{y,k} \\ R_{k} > 0 \\ |\Delta\sigma_{m,k} + \Delta\sigma_{b,k}| \leq 2S_{y,k} \end{cases}$，则 $f_{M,k} = (1-R)^{\frac{1}{m_{ss}}}$ \quad(8-27)

如果 $\begin{cases} \sigma_{mean,k} < 0.5S_{y,k} \\ R_{k} \leq 0 \\ |\Delta\sigma_{m,k} + \Delta\sigma_{b,k}| > 2S_{y,k} \end{cases}$，则 $f_{M,k} = 1.0$ \quad(8-28)

式中，R_{k} 为应力比，$R_{k} = \dfrac{\sigma_{min,k}}{\sigma_{max,k}}$。

第6步：根据焊接接头疲劳曲线和第5步中得到的等效结构应力变化范围，计算循环次数 N_{k}，主 S-N 曲线参数 C_{d} 及 h 见表8-1。

$$N = (\Delta S_{S,k} / C_{d})^{-1/h} \tag{8-29}$$

第7步：计算第 k 个循环的疲劳损伤，第 k 个循环的循环次数设为 n_{k}。

$$D_{f,k} = \frac{n_k}{N_k}$$

第 8 步：对所有应力变化范围重复第 6 步到第 7 步。

第 9 步：计算累计损伤，如果焊接接头评估位置满足下式条件，继续下一步。

$$D_f = \sum_{i=1}^{M} D_{f,k} \leqslant 1.0$$

第 10 步：对焊接接头每个需要评估的位置重复第 5 步到第 9 步。

第 11 步：其他因素对评估过程的修正。

如果在焊趾的根部存在一些可以被定性为裂纹的对疲劳寿命有削弱作用的缺陷，并且这些缺陷超过了所规定的界限，就要计算缺陷引起的疲劳寿命的缩减 $I^{\frac{1}{m_{ss}}}$。式（8-30）的适用条件是 $a/t \leqslant 0.1$。

$$I^{\frac{1}{m_{ss}}} = \frac{1.229 - 0.365R_{b,k} + 0.789\left(\frac{a}{t}\right) - 0.17R_{b,k}^2 + 13.771\left(\frac{a}{t}\right)^2 + 1.243R_{b,k}\left(\frac{a}{t}\right)}{1 - 0.302R_{b,k} + 7.115\left(\frac{a}{t}\right) - 0.178R_{b,k}^2 + 12.903\left(\frac{a}{t}\right)^2 - 4.091R_{b,k}\left(\frac{a}{t}\right)}$$

$$(8-30)$$

式中，a 为焊趾处缺陷的深度；t 为母材的厚度。

上述这 11 个步骤即为 ASME 标准提供的结构应力法评估疲劳寿命的基本步骤。

综上所述，可以对结构应力法与名义应力法的本质区别归纳如下：

第一，结构应力法导出的主 S-N 曲线是断裂力学理论在焊接结构上的具体应用，是考虑了应力集中、板的厚度、载荷模式的综合影响以后将名义应力数据压缩而成的一条窄带。

第二，结构应力法积分上限是焊缝焊趾所在的板厚，积分下限可以根据焊接质量相关的初始裂纹确认，也不必像名义应力法那样进行厚度修正。

第三，需要注意的是式（8-27）给出了对等效结构应力计算的修正，但修正是有前提的，即平均应力高于材料屈服强度的 50% 时才需要修正，因为通过对数千个小试样和实物试验数据分析发现：只有极少数的数据表明高平均载荷对疲劳寿命有影响[4]，而这样高的平均载荷在工程上很少发生。

8.6 本章小结

在焊接结构疲劳寿命计算领域，如果说基于名义应力的疲劳寿命计算标准，例如英国的 BS 7608 标准，是基于试验数据的，那么基于结构应力的寿命计算标准，例如 ASME 标准，则是基于焊接结构疲劳失效机理的。其理由如下：

1）针对焊接结构没有初始裂纹萌生阶段这一特点，直接引入了断裂力学理论。基于结构应力的应力强度因子 K 值计算，获得了裂纹扩展的力学规律。

2）针对裂纹扩展过程中存在特征深度这一特点，提出了基于两阶段的裂纹扩展模型：一是短裂纹扩展，二是长裂纹扩展，分界点是特征深度。然后将两阶段拟合到一起，最后基于断裂力学的 Paris 寿命积分公式，导出了计算疲劳寿命的主 S-N 曲线方程。

考虑到读者或许对实施主 S-N 曲线法有编程计算需要，因此本章又较详细地介绍了 ASME （2015）标准提供的可执行的基本步骤，根据这些步骤将 ASME （2015）标准的实施程序化，有利于对本章内容的理解与工程执行。

参 考 文 献

［1］ DONG P S，HONG J K，OSAGE D A，et al. The master S-N curve method an implementation for fatigue evaluation of welded components in the ASME B&PV Code Section Viii，Division 2 And API579-1/ASME FFS-1 ［M］. New York：WRC Bulletin，2010.

［2］ DONG P S，HONG J K. Recommendations for Determining Residual Stresses in Fitness-for-Service Assessment ［M］. New York：WRC Bulletin，2002.

［3］ ASME Boiler and Pressure Vessel Code：ASME BPVC VIII-2-2015 ［S］. New York：The American Society of Mechanical Engineers，2015.

［4］ Marine & Offshore. Guide for application of the mesh insensitive methodology welded steel plates of ship and offshore structures：NT 3199 ［S］. Seine：Bureau Veritas，2012.

第 9 章

焊接接头抗疲劳设计

在第 2 章中已经讨论了焊接结构与焊接接头之间的设计关系。本章将以焊接接头为对象,具体讨论如何开展面向设计图样的焊接接头的抗疲劳设计,或者如何为焊接接头获得最好的疲劳行为。在讨论之前,首先需要对焊接接头进行一次再定义。

9.1 标准接头与非标准接头的定义

本书前面已经指出,工程结构的复杂性使得这些基于分级名义应力的标准不可能为许多"形状特殊,载荷复杂"的接头提供其 S-N 曲线数据。如果仅仅依靠一些设计标准中对焊接接头提供的 S-N 曲线数据,焊接接头的抗疲劳设计将不可能一个不漏地全面展开。基于这一实际情况,我们不妨给出这样的定义:凡是基于名义应力(包括热点应力)的,且在传统的设计标准中能够检索到有 S-N 曲线数据与之对应的接头,将其定义为标准接头,否则定义为非标准接头。

所谓非标准接头,看似没有 S-N 曲线数据与其对应,但是假如将它们放到基于等效结构应力的主 S-N 曲线的理论模型之中,一定能找到与之对应的 S-N 曲线数据。道理很简单,因为所谓的非标准接头,不管几何形状多么复杂,它总是由焊缝连接而成的,而结构应力法总对焊缝负责,再具体一点,总是对焊缝上的焊根与焊趾负责,因此只要给定它的几何形状与疲劳载荷,计算疲劳寿命的主 S-N 曲线公式就可用。基于这样的定义,在进行焊接接头抗疲劳设计时,无 S-N 曲线数据可用的担心是不必要的。

9.2 BS 15085-3:2007 的焊接接头设计完整性流程

标准与非标准焊接接头的抗疲劳设计是焊接结构抗疲劳设计的重要组成部分,然而一个完整的接头设计过程还应当包括结合使用安全要求,对焊缝性能与检测等级进行确认。为了实现这一完整性,本章将结合欧洲标准(BS 15085-3:2007)

《铁路上的应用-铁路车辆和部件的焊接》[1]的设计流程为平台，给出焊接接头的完整性设计技术。之所以选择 BS 15085-3：2007，不仅是因为它已经被我国选定为国家标准 GB/T 25343.3—2010[2]，得到了广泛的应用，而且还因为它在应用中有一个很久以来一直让人困惑的难点需要被克服。

在 BS 15085-3：2007 标准中，焊接接头设计、生产、检查是三个递进环节，在第一个设计环节中，首先需要对焊接接头进行静强度设计评估和疲劳强度设计评估。疲劳强度评估的目的是通过疲劳寿命计算获得应力因子（stress factors），对一个待设计的接头来说，应力因子指的是计算得到的疲劳应力与许用疲劳应力之比。接着，根据获得的应力因子的大小来确认应力类别（stress categories）的高低程度。最后，结合对该焊接接头安全类别（safety categories）的要求，对焊缝性能等级（weld performance classes）及焊缝检查等级（weld inspection classes）进行规定，并将它们直接标注到生产图样上。在上述三个递进环节中，第一步是通过疲劳寿命计算进而获得应力因子。如果应力因子不能科学确认，应力类别、焊缝性能等级、焊缝检验等级将无法科学确认。但是怎样计算应力因子以用来确认应力类别呢？该标准并没有给出任何可量化执行的具体方法。那么，为什么 BS 15085-3：2007 标准没有给出可量化执行的计算应力因子的方法？其主要原因是，计算疲劳寿命及应力因子时经常找不到可靠的 S-N 曲线数据。

BS 15085-3：2007 给出了关于焊接接头的设计流程，该流程的第一部分是静强度校验，第二部分是疲劳强度校验，本章将重点讨论这一部分，因为它牵涉到接下来的焊缝性能等级的确认以及焊缝检查等级的确认。BS 15085-3：2007 用表 9-1 的形式给出了它们之间的相互关系。

表 9-1 BS 15085-3：2007 焊接接头上焊缝质量等级的确认关系

应力类别	安全类别	焊缝性能等级	参照 ISO 5817：2014 与 ISO 10042：2014 标准的缺陷评价等级	焊缝检验等级	整体检验或 RT	表面检验 MT 或 PT	外观检验 VT
高	高	CP A	参见标准的表格 5 或表格 6	CT 1	100%	100%	100%
高	中	CP B	B	CT 2	10%	10%	100%
高	低	CP C2	C	CT 3	不需要	不需要	100%
中	高	CP B	B	CT 2	10%	10%	100%
中	中	CP C2	C	CT 3	不需要	不需要	100%
中	低	CP C3	C	CT 4	不需要	不需要	100%
低	高	CP C1	C	CT 2	10%	10%	100%
低	中	CP C3	C	CT 4	不需要	不需要	100%
低	低	CP D	D	CT 4	不需要	不需要	100%

可见这是一个逻辑性极强的完整流程，该流程除对轨道装备适用以外，对其他焊接结构产品的焊接接头设计也具有指导价值。将表 9-1 展开，结合 BS 15085-3：2007 给出的流程图，执行步骤可以归纳如下。

第 1 步：接头特性的记录，其中包括几何形状、材料等。

第 2 步：通过计算获得应力。

第 3 步：进行静强度校核（应力检查）。按照规定，检查应力是否大于静强度的许用应力，如果大于，接头局部特征修改，返回到第 1 步；如果应力大于动态载荷作用下的允许应力，也需要修改设计，返回到第 1 步。如果应力均小于上述要求，进入到第 4 步。

第 4 步：计算疲劳寿命，如果计算得到的疲劳寿命大于规定的寿命，返回到第 1 步；否则，计算应力因子，然后参考表 9-2，确定应力类别（高、中、低）。

表 9-2 应力类别与应力因子

应力类别	应力因子（R_S）		
	根据标准推导出的疲劳强度值	根据对有代表性的试样进行振动试验得出的疲劳强度值	
		选项 1	选项 2[①]
高	≥ 0.9	≥ 0.8	≥ 0.9
中	0.75 ≤ S<0.9	0.5 ≤ S<0.8	0.75 ≤ S<0.9
低	<0.75	<0.5	<0.75

① 相关的极限值要与客户协商，或者对结构进行协商。

第 5 步：根据接头的安全类别要求，参考表 9-1，确认接头性能等级、焊缝性能等级及检查等级。

静强度概念下的应力校验比较简单，通常将用有限元计算得到的冯·米塞斯应力与许用应力对比，具体步骤这里不再介绍。而疲劳强度概念下的应力校验将在后面介绍。

根据表 9-2，可以看出"根据标准推导出疲劳强度值"是确认应力类别的必要条件，那么怎样才能"根据标准推导出疲劳强度值"呢？这需要先从疲劳载荷谈起。

9.3 焊接结构与焊接接头疲劳载荷的获取

9.3.1 焊接结构疲劳载荷的获取

通常，一个焊接结构的全局性疲劳载荷可以在指定的疲劳评估标准中获取，第 10 章关于虚拟疲劳试验的案例就是这样获取的，或者从将来要执行的用户自己定义的疲劳试验大纲中获取。以轨道车辆的车体为例，如碳钢车体、铝合金车体等，可取 EN 12663：2000 标准中提供的以三个方向加速度表示的动态载荷为车体疲劳载荷[3]。

垂向加速度：$(1\pm0.25)\,g$；横向加速度：$(1\pm0.15)\,g$；纵向加速度：$(1\pm0.15)\,g$；加载次数均为 1×10^7 次，分三阶段加载。

再以轨道车辆焊接构架为例，可从 EN 13749：2011 标准或者 UIC 515：1997 标准中获取将要施加到台架上的疲劳载荷，并作为焊接构架的结构整体载荷[4,5]。

以 UIC 515：1997 标准为例，其中垂向疲劳载荷有 8 个状态，横向疲劳载荷有 3 个状态，加载次数也为 1×10^7 次，分三个阶段加载。第一阶段加载 6×10^6 次，载荷放大因子为 1.0。如果第一阶段不能满足设计要求，停止加载并返回修改设计，如果能满足设计要求，进入第二阶段加载 2×10^6 次，此时载荷放大因子为 1.2。如果第二阶段不能满足设计要求，停止加载并返回修改设计，如果能满足设计要求，进入第三阶段加载 2×10^6 次，此时载荷放大因子为 1.4。如果第三阶段不能满足设计要求，返回修改设计。

9.3.2　焊接接头疲劳载荷的获取

前面讨论了焊接结构全局性疲劳载荷的获取，然而这一载荷并不等价于每个焊接接头的疲劳载荷，那么每个焊接接头上局部性的疲劳载荷该从哪里来呢？除非焊接接头的疲劳载荷已经给定，一般情况下，需要从焊接结构的全局性疲劳载荷中获取，为了实现这一获取，使用有限元方法中的子结构技术应该是一个合适的选项。下面结合工程实际问题来讨论具体的获得方法。

在以位移为未知量的结构位移有限元法的技术体系中，子结构技术其实是从结构中切割出一个或多个子结构，然后将每个子结构内部的自由度凝聚到切割以后形成的边界上再求解，从而压缩求解规模[6]。

1. 自由度凝聚与求解过程

假设一个子结构上的所有节点位移因切割可被分成两部分：U_1 是切割边界上的位移，U_2 是其内部位移，于是这个子结构的求解方程为

$$\begin{bmatrix} K_{11} & K_{12} \\ K_{21} & K_{22} \end{bmatrix} \begin{bmatrix} U_1 \\ U_2 \end{bmatrix} = \begin{bmatrix} F_1 \\ F_2 \end{bmatrix} \tag{9-1}$$

式中，K_{ij} 是与位移对应的刚度矩阵，F_i 是对应的载荷向量。将式（9-1）展开，可以得到

$$K_{11}U_1 + K_{12}U_2 = F_1 \tag{9-2}$$

$$K_{21}U_1 + K_{22}U_2 = F_2 \tag{9-3}$$

由式（9-3）得

$$U_2 = K_{22}^{-1}(F_2 - K_{21}U_1) \tag{9-4}$$

将式（9-4）代入式（9-2），整理后有

$$\overline{K_1} U_1 = \overline{F_1} \tag{9-5}$$

式（9-5）即为凝聚以后的求解方程，其中

$$\overline{F_1} = F_1 - K_{12} K_{22}^{-1} F_2 \tag{9-6}$$

$$\overline{K_1} = K_{11} - K_{12} K_{22}^{-1} K_{21} \tag{9-7}$$

求解以后，子结构被切割面上的信息就可转化为被切割面上的力。接着，展开式（9-5）就可以得到子结构内部的解。

对一个焊接结构而言，它可以理解为由若干个焊接接头组成。如果在定义被切割的子结构时，将子结构几何与待设计的焊接接头几何对应，这样就可以在被割开的焊接结构设计与焊接接头设计之间建立一个载荷转移通道，基于该通道就可以获取该切面处的疲劳载荷。

2. 应用案例

以一个普通的客车转向架的焊接构架为例，我们事先知道的仅是这个焊接构架的结构载荷。该转向架焊接构架及所关心的焊接接头位置如图 9-1 所示，作用在焊接构架上的垂向与横向载荷在 UIC 标准中均有规定。

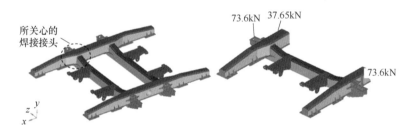

图 9-1　焊接构架及结构载荷示意

如果我们关心的是如图 9-1 所示的那样一个焊接接头，可以将这个接头定义为一个子结构。与子结构对应的焊接接头的几何形状如图 9-2 所示，有三个切割截面。

创建该焊接构架的有限元模型，并定义子结构，有限元求解完成后，对已经定义的子结构分别提取三个子结构切割面上所有节点的节点力，然后对切割面上的节点力进行合成，从而获得了每一个切割面上相对于截面形心位置的合力，其中每个截面上得到 6 个内力，包括截面轴力、两个方向的剪切力、截面扭矩和两个方向弯矩，截面 1 上 6 个内力的方向如图 9-3 所示，三个截面的合力见表 9-3。

表 9-3　非标准接头截面上力及力矩的计算结果

截面编号	F_x/N	F_y/N	F_z/N	$M_x/(\text{N}\cdot\text{m})$	$M_y/(\text{N}\cdot\text{m})$	$M_z/(\text{N}\cdot\text{m})$
截面 1	-8401.1	0.0	37650.0	194520.0	-681500.0	2685200.0
截面 2	2601.5	-71259.0	-18755.0	265630.0	40595.0	-2438500.0
截面 3	5799.6	-2350.2	-18895.0	-407240.0	387050.0	32413.0

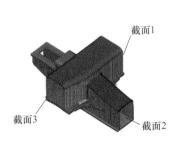

图9-2　与子结构对应的焊接接头的几何形状

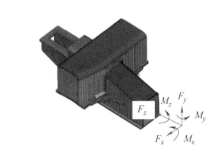

图9-3　截面内力示意图

因为结构具有线弹性，所以按照整体结构疲劳载荷的波形很容易获得接头上的疲劳载荷波形。图9-4给出了该焊接接头在结构垂向载荷作用下的一个应力云图。

通过以上案例可以看出，对一个复杂的焊接结构而言，结构中任何一个焊接接头的力学行为与焊接结构的力学特性不可割裂，如果在焊接结构中定义一个关切接头，并对它独立进行抗疲劳设计，子结构技术可以为该接头设计创建一个力学边界条件。

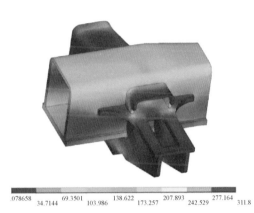

图9-4　焊接接头的一个应力云图

如果将结构分解为若干接头，那么利用子结构技术，结合结构应力法，可以创建一个具有力学边界条件的接头性能数据库，其中包括焊缝上的应力集中信息。

109

9.4　确认应力因子的两种技术

前面已经指出，焊接接头的 *S-N* 曲线数据用应力变化范围标定，因此在讨论焊接接头的疲劳应力时，严格讲指的是允许的应力变化范围的值。

通常，对一个待设计的焊接接头而言，许用疲劳应力变化范围通常不是直接给定的，而是用次数给定的允许的疲劳寿命，这样，在给定允许的疲劳寿命之后，利用该接头的 *S-N* 曲线数据，可以逆向反求其许用疲劳应力变化范围。具体做法如图9-5所示。

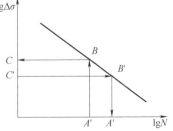

图9-5　应力因子计算过程示意

逆向：由 A 点（要求的疲劳寿命）→到 B 点（与 S-N 曲线的交点）→到 C 点（许用疲劳应力变化范围）。

正向：由 C' 点（计算得到的疲劳应力变化范围）→到 B' 点（与 S-N 曲线的交点）→到 A' 点（计算得到的疲劳寿命）。

因此应力因子的计算过程可以归纳为：首先，由要求的疲劳寿命 N_A 逆向得到许用疲劳应力变化范围；然后，由计算得到的实际发生的疲劳应力变化范围正向得到疲劳寿命 $N_{A'}$，如果 $N_{A'}>N_A$，它表示设计寿命满足了要求，此时的应力因子 $R_S = \dfrac{\Delta\sigma_{C'}}{\Delta\sigma_C}<1$，否则需要重新设计。可见，可靠的 S-N 曲线数据是可靠计算应力因子的一个必要条件。

对于标准的焊接接头，可以直接用基于名义应力的 S-N 曲线数据计算应力因子，也可以基于结构应力来计算应力因子。对于非标准焊接接头，只能基于结构应力计算应力因子，因为在基于名义应力的标准中找不到对应的 S-N 曲线数据。

9.4.1 基于名义应力计算应力因子

1. 步骤

1）计算疲劳载荷作用下实际发生的应力变化范围 $\Delta\sigma_n$。

2）计算指定循环次数下的疲劳应力值 $\Delta\sigma_{ref}$，例如设计寿命为 2×10^6 次的疲劳应力值。S-N 曲线数据可以从基于名义应力法的某些设计标准中获得，例如 BS 7608：2007标准[7]。首先，以"对号入座"的方式在 BS 7608：2007 标准中确认该接头的疲劳等级，然后，在 BS 7608：2007 标准中获得其向下两个标准差的 S-N 曲线数据，接着，遵循图 9-5 给出的逆方向，利用第 6 章给出的计算公式，可以获得与疲劳寿命次数（例如 2×10^6 次）对应的疲劳应力值。

3）厚度修正校验。

4）将 $\Delta\sigma_n$ 与 $\Delta\sigma_{ref}$ 进行对比，即可得到该接头的应力因子 $R_S = \Delta\sigma_n/\Delta\sigma_{ref}$。

5）根据计算得到的应力因子，由表 9-2 确定应力类别（高、中、低）。

2. 应用实例

实例一：如图 9-6 所示，该焊接接头是一个用端焊缝局部补强的箱形梁接头。

已知：截面矩 $I = 41000352\text{mm}^4$，承受等幅变化的弯曲载荷，其变化范围是 $\Delta M = 16.4\text{kN}\cdot\text{m}$，规定的设计寿命为 $N=2\times10^6$ 次。

首先，校核该接头是否满足疲劳强度设计要求；然后，计算该接头的应力因子；最后，根据应力因子的具体值确定其应力类别等级。图 9-7 为 1/2 结构有限元模型。

第 1 步：计算名义应力变化范围。

$$\Delta\sigma_n = \frac{\Delta M}{I}y = \frac{16.4\text{kN}\cdot\text{m}}{41000352\text{mm}^4}\times100\text{mm} \approx 40\text{MPa}$$

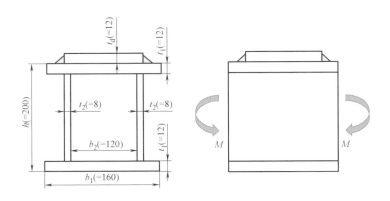

图 9-6　有端焊缝局部补强的箱形梁结构

第 2 步：确认该接头的 S-N 曲线数据。根据 BS 7608：2007 标准"对号入座"，该接头疲劳强度等级属于 G 级。查表得到与 S-N 曲线相关的常数后，可确定用于该接头抗疲劳设计的 S-N 曲线数据，注意数据中已经考虑了 97.5% 的置信度。

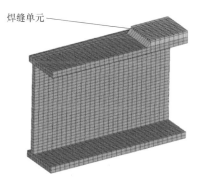

图 9-7　1/2 结构有限元模型

在常幅载荷作用下，每一等级接头所能承受的应力变化范围（设计疲劳应力）$\Delta\sigma_n$ 与达到疲劳的循环数 N 之间的关系如下所示：

$$\lg N = \lg C - d\overline{\sigma} - m\lg\Delta\sigma_n \qquad (9\text{-}8)$$

式中，C 是与 S-N 曲线相关的常数，本例中 $C = 0.566\times10^{12}$；d 是低于均值的标准偏差的数量，本例中 $d = 2.0$；$\overline{\sigma}$ 是 N 的对数下的标准偏差，本例中 $\overline{\sigma} = 0.1793$；m 为双对数下的 S-N 曲线的反向斜率，本例中 $m = 3.0$；$N = 2\times10^6$ 次。将这些数据代入式（9-8）得到

$$\lg 2\times10^6 = \lg 0.566\times10^{12} - 2\times0.1793 - 3\lg(\Delta\sigma_{ref})$$

可求得 $\Delta\sigma_{ref} = 49.9\text{MPa}$。

第 3 步：厚度修正校验。该接头板厚 $t = 10\text{mm} < 16\text{mm}$，因此无须进行厚度修正。

第 4 步：校核疲劳强度。$\Delta\sigma_n = 40\text{MPa} < \Delta\sigma_{ref} = 49.9\text{MPa}$，因此该接头疲劳强度满足设计要求。

第 5 步：计算应力因子。$\Delta\sigma_{ref} = 49.9\text{MPa}$，于是

$$应力因子 = \frac{\Delta\sigma_n}{\Delta\sigma_{ref}} = \frac{40}{49.9} = 0.802$$

根据 BS 15085-3：2007 设计规范的规定，如果应力因子大于 0.75 小于 0.9，

则应力类别为"中",因此该接头应力类别为"中"。

实例二:已知条件同实例一,但是端焊缝按照 1:3 比例打磨,如图 9-8 所示,承受同样弯矩载荷 $\Delta M = 16.4 \mathrm{kN \cdot m}$。设计的疲劳寿命为 $N = 2 \times 10^6$ 次。校核结构是否满足疲劳强度设计要求,然后求该接头的应力因子,并确定其应力类别等级。

第 1 步:计算名义应力范围。

$$\Delta \sigma_n = \frac{\Delta M}{I} y = \frac{16.4 \mathrm{kN \cdot m}}{41000352 \mathrm{mm}^4} \times 100 \mathrm{mm} = 40 \mathrm{MPa}$$

第 2 步:确认该接头的 S-N 曲线数据。根据 IIW 标准[8],可以认为该接头疲劳强度等级属于 FAT=63,查表得到 $C = 5.001 \times 10^{11}$,$m = 3$,代入式(9-8)得

$$\lg 2 \times 10^6 = \lg 5.001 \times 10^{11} - 3 \lg (\Delta \sigma_{ref})$$

求得设计疲劳应力 $\Delta \sigma_{ref} = 63 \mathrm{MPa}$。

第 3 步:板厚 $t = 10 \mathrm{mm} < 25 \mathrm{mm}$,无须进行厚度修正。

第 4 步:校核疲劳强度。$\Delta \sigma_n = 40 \mathrm{MPa} < \Delta \sigma_{ref} = 63 \mathrm{MPa}$,因此该接头强度满足设计要求。

第 5 步:计算应力因子。$\Delta \sigma_{ref} = 63 \mathrm{MPa}$,因此

图 9-8 1/2 结构有限元模型

$$应力因子 = \frac{\Delta \sigma_n}{\Delta \sigma_{ref}} = \frac{40}{63} = 0.63$$

由表 9-2 可知,应力因子小于 0.75,因此该接头应力状态等级为"低",可见端焊缝局部磨削以后,应力集中得到缓解,应力类别等级也得到了降低。

9.4.2 基于结构应力计算应力因子

1. 步骤

在给定结构疲劳载荷与设计寿命以后,基于结构应力计算应力因子的具体步骤如下:

1)对于标准接头,先计算名义应力,然后计算结构应力,从而获得应力集中系数(SCF);对于非标准接头,利用子结构技术获得疲劳载荷以后计算结构应力。

2)考虑厚度及载荷模式,得到等效结构应力变化范围。

3)根据主 S-N 曲线计算公式,计算疲劳寿命。

4)将计算得到的寿命与设计寿命进行对比,校验是否满足设计寿命要求,如果不满足,修改设计。

5)由主 S-N 曲线公式计算给定寿命要求下的等效结构应力的变化范围。

6)将实际得到的等效结构应力变化范围与设计寿命的等效结构应力变化范围值进行对比,计算应力因子。

7）根据计算得到的应力因子，确定应力类别：高、中、低。

2. 应用实例

实例一：已知条件与 9.4.1 节的实例一相同，设计寿命为 2×10^6 次。

第 1 步：因为是标准接头，用有限元法计算结构应力及应力集中系数。

首先计算名义应力：$\Delta\sigma_n = \dfrac{\Delta M}{I} y = \dfrac{16.4 \text{kN} \cdot \text{m}}{41000352 \text{mm}^4} \times 100 \text{mm} = 40 \text{MPa}$；

然后建立该接头的有限元模型，提取节点力并计算结构应力 σ_S，其值为 74.8MPa。

接着计算接头应力集中系数，其中应力集中系数的定义为结构应力与名义应力之比：$\text{SCF} = \dfrac{\Delta\sigma_S}{\Delta\sigma_n}$，得到应力集中系数 SCF = 1.87。

第 2 步：考虑厚度效应和加载模式效应，用第 8 章式（8-20）计算等效结构应力变化范围。

$$I(r)^{\frac{1}{m}} = \frac{1.23 - 0.364 r - 0.17 r^2}{1.007 - 0.306 r - 0.178 r^2}; \quad r = \frac{|\Delta\sigma_b|}{|\Delta\sigma_S|} = \frac{0.73}{1.7} = 0.4294$$

$$\Delta S_S = \frac{\Delta\sigma_n \text{SCF}}{(t)^{\frac{2-3.6}{2 \times 3.6}} I(r)^{\frac{1}{m}}} = \frac{74.8}{0.5757 \times 1.2368} \text{MPa} = 105.1 \text{MPa}$$

第 3 步：应用主 S-N 曲线计算疲劳寿命。考虑向下两个标准差的数据，在表 8-1 中可以查到相关常数，并代入主 S-N 曲线计算公式：$N = (\Delta S_S / C_d)^{1/h}$，计算得到该接头的实际疲劳寿命 $N = 4.34 \times 10^6$ 次。

第 4 步：校核设计寿命和计算寿命。$4.34 \times 10^6 > 2 \times 10^6$，因此该接头疲劳强度满足设计要求。

第 5 步：计算应力因子和确定应力等级。

$N_{ref} = 2 \times 10^6$，由主 S-N 曲线公式，给定 2×10^6 次寿命时反求得到的参考等效结构应力变化范围 $\Delta S_{ref} = 135 \text{MPa}$，因此可以计算得到应力因子

$$\text{应力因子} = \frac{\Delta S_S}{\Delta S_{ref}} = \frac{105.1}{135} = 0.78$$

根据 BS 15085 标准，该应力因子大于 0.75 小于 0.9，所以该接头应力状态等级为"中级"。

实例二：已知条件与 9.4.1 节中实例二相同。

第 1 步：建立该接头的有限元模型，用有限元法计算结构应力及应力集中系数 SCF。

$\Delta\sigma_n = 40 \text{MPa}$；$\Delta\sigma_S = 66.8 \text{MPa}$；$\text{SCF} = \dfrac{\Delta\sigma_S}{\Delta\sigma_n}$；得到 SCF = 1.67。

第 2 步：考虑厚度效应和加载模式效应，用第 8 章式（8-20）计算等效结构应

力变化范围。

$$I(r)^{\frac{1}{m}} = \frac{1.23 - 0.364r - 0.17r^2}{1.007 - 0.306r - 0.178r^2}; \quad r = 0.401$$

$$\Delta S_S = \frac{\Delta\sigma_n \text{SCF}}{(t)^{\frac{2-3.6}{2\times3.6}}I(r)^{\frac{1}{m}}} = \frac{40\times1.67}{(12)^{\frac{2-3.6}{2\times3.6}}\times1.2349}\text{MPa} = 93.96\text{MPa}$$

第3步：应用主S-N曲线计算疲劳寿命。

根据 $N = (\Delta S_S / C_d)^{1/h}$，求得 $N = 6.16\times10^6$ 次。

第4步：校核设计寿命和计算寿命。

$6.16\times10^6 > 2\times10^6$，该接头强度满足设计要求。

第5步：计算应力因子和确定应力类别。

在 2×10^6 次时，$\Delta S_{ref} = 135\text{MPa}$。

$$\text{应力因子} = \frac{\Delta S_S}{\Delta S_{ref}} = \frac{93.96}{135} = 0.696$$

根据 BS 15085 标准，该值小于 0.75，因此应力类别为"低"。可见端焊缝局部磨削以后，应力集中得到缓解，应力类别得到降低。

实例三：下面再给出一个非标准焊接接头应力因子的计算实例。前面已经用子结构技术获得了该接头截面上的内力，现在以与矩形截面 2 对应的一条焊缝为疲劳评估对象，这里先假定疲劳载荷是一个等幅值，最小值为零。

在图 9-3 所示坐标系下，表 9-3 已经给出了截面 2 上的内力，而截面 2 对应的那一条焊缝所在箱形截面的高度为 200mm、宽度为 140mm、壁厚为 12mm，于是可以得到该截面上的力学特征参数：$A = 9216\text{mm}^2$；$I_x = 84144128\text{mm}^4$；$I_y = 84144128\text{mm}^4$。

接着，计算得到其名义应力 $\Delta\sigma_n = 21.1\text{MPa}$。根据该焊缝焊趾上最大的结点力可以计算得到对应的结构应力 $\Delta\sigma_s = 64.4\text{MPa}$，以及应力集中系数 SCF = 3.05。

在计算等效结构应力变化范围之前，先计算代表加载模式效应的弯曲比 $r = \frac{\Delta\sigma_b}{\Delta\sigma_S} = 0.4982$。

根据本章已经提供的关于弯曲比的公式 $I(r)^{\frac{1}{m}} = \frac{1.23 - 0.364r - 0.17r^2}{1.007 - 0.306r - 0.178r^2}$，可以计算得到：$I(r)^{\frac{1}{m}} = 1.242$。

这样，综合结构应力、板厚、弯曲比这三个参数，可以得到等效结构应力变化范围：

$$\Delta S_S = \frac{64.4}{(12)^{\frac{2-3.6}{2\times3.6}}\times1.2536}\text{MPa} = \frac{64.4}{0.5757\times1.242}\text{MPa} \approx 90.07\text{MPa}$$

利用主 S-N 曲线公式 $N = (\Delta S_S / C_d)^{1/h}$，就可以计算得到疲劳寿命 $N = 7.03\times10^6$ 次。

假设该焊缝的设计寿命为 2×10^6 次，因为 $7.03\times10^6 > 2\times10^6$，所以截面 2 的这

个焊缝的疲劳寿命可以满足设计要求。

在设计寿命为 $2×10^6$ 次时，即：$N_{ref} = 2×10^6$，由公式 $N = (\Delta S_S / C_d)^{1/h}$，可以反求出其疲劳强度为：$\Delta S_{ref} = 135MPa$。于是，应力因子 $= \dfrac{\Delta S_S}{\Delta S_{ref}} = \dfrac{90.07}{135} = 0.667$。

根据 BS 15085 标准的规定，该值小于 0.75，因此该条焊缝的应力类别应该定义为"低"。根据上述流程，可以依次对截面 2 的其余三条焊缝分别计算出对应的疲劳寿命与应力因子。

9.4.3 随机载荷作用时应力状态的确认

1. 计算方法

以上案例中疲劳载荷均为等幅载荷，而工程中疲劳载荷多表现为具有随机性的不规则载荷。假如一个不规则事件的疲劳损伤与另外一个规则事件的疲劳损伤相等，则二者等效。基于这样的疲劳损伤等效原则，首先需要对不规则载荷编谱，即将其分解为若干级的等幅载荷，然后求每级载荷的疲劳损伤，各级损伤求和以后即为原不规则载荷的疲劳损伤累积。

等效应力的计算公式是

$$D = \sum \frac{n_i}{N_i} = \frac{N_T}{N_{eq}}; \quad N_{eq} = \frac{C}{\Delta\sigma_{eq}^m}; \quad \Delta\sigma_{eq} = \left(\frac{\sum(n_i \Delta\sigma_i^m)}{N_T}\right)^{\frac{1}{m}} \tag{9-9}$$

式中，D 为疲劳损伤；$\Delta\sigma_{eq}$ 为等效应力变化范围；n_i 为各分级的循环次数；$\Delta\sigma_i$ 为对应 n_i 的应力值；m 为 S-N 曲线的反向斜率；N_T 为设计要求的循环次数；N_{eq} 为等效的循环次数。

同样，在计算应力因子时，标准接头可用名义应力法也可以用结构应力法，非标准的接头只能用结构应力法。

2. 应用案例

如图 9-9 所示结构，主板和附板厚均为 $t = 10mm$，焊脚 $l = 10mm$，主板宽 $W = 100mm$。变幅载荷谱为：$\Delta\sigma_1 = 40MPa$，$\Delta\sigma_2 = 60MPa$，$\Delta\sigma_3 = 70MPa$；$n_1 = 4×10^5$ 次，$n_2 = 3×10^5$ 次，$n_3 = 3×10^5$ 次；设计寿命为 $N_T = 1×10^6$ 次，校核结构是否满足设计要求，求该接头的应力因子，并确定其应力类别。

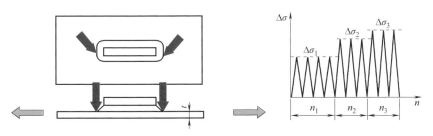

图 9-9　承受拉伸变幅载荷谱的实例

（1）名义应力法

第1步：计算规定寿命的应力。

根据 BS 7608：2007 标准，该接头细节是 F2 级，设计寿命是 $N_{ref} = 2 \times 10^6$，且置信度为 97.5%，由公式 $\lg N = \lg C_0 - d\,\overline{\sigma} - m \lg \Delta\sigma_n$，可以反求出：$\Delta\sigma_n = \Delta\sigma_{ref} = 60\text{MPa}$。

第2步：计算实际的应力，即等效应力 $\Delta\sigma_{eq}$，见式（9-9）。

应用前面用过的 S-N 曲线计算公式，表9-4给出了每一级的疲劳损伤及其和。

表9-4　名义应力法计算应力因子的基础数据

i	$\Delta\sigma_i$	n_i	N_t	D_i	$n_i\Delta\sigma_i^m$
1	40	400000	6730076.89	0.059435	2.56×10^{10}
2	60	300000	1994096.856	0.150444	6.48×10^{10}
3	70	300000	1255757.787	0.238900	1.029×10^{11}
合计	—	1000000	—	0.448778	1.933×10^{11}
$\Delta\sigma_{eq}$	57.81989314	$\Delta\sigma_{ref}$	60	应力因子	0.963664886

根据 BS 15085-3：2007，应力因子大于 0.9，所以该接头应力等级为"高"。

（2）结构应力法

第1步：计算每一级的结构应力及应力集中系数。

计算得到膜应力集中系数 $\text{SCF}_m = 1.1$；弯应力集中系数 $\text{SCF}_b = 0.5$；总应力集中系数 $\text{SCF} = 1.6$。

第1级的结构应力：$\Delta\sigma_{S1} = 1.6\Delta\sigma_1 = 1.6 \times 40\text{MPa} = 64\text{MPa}$；

第2级的结构应力：$\Delta\sigma_{S2} = 1.6\Delta\sigma_2 = 1.6 \times 60\text{MPa} = 96\text{MPa}$；

第3级的结构应力：$\Delta\sigma_{S3} = 1.6\Delta\sigma_3 = 1.6 \times 70\text{MPa} = 112\text{MPa}$。

第2步：考虑厚度效应和加载模式效应计算等效结构应力变化范围。

$$r = \frac{0.5}{1.6} = 0.3125 ; \quad I(r)^{\frac{1}{m}} = 1.23$$

分别计算各级等效结构应力变化范围 $\Delta S_i = \dfrac{\Delta\sigma_n \text{SCF}}{(t)^{\frac{2-3.6}{2\times 3.6}} \times I(r)^{\frac{1}{m}}} = \dfrac{\Delta\sigma_{Si}}{(10)^{\frac{2-3.6}{2\times 3.6}} \times 1.2266}$。

基于疲劳损伤等效原则计算的等效结构应力变化范围 ΔS_{eq}：

$$\Delta S_{eq} = \left[\frac{\sum(n_i \Delta S_i^m)}{N_T} \right]^{\frac{1}{m}} \tag{9-10}$$

式中，n_i 为各分级的循环次数；ΔS_i 为对应 n_i 的等效结构应力变化范围；m 为主 S-N 曲线斜率；N_T 为设计要求的循环次数。

用前述实例中的步骤与公式，采用主 S-N 曲线计算，表9-5给出了所有计算结果。

表 9-5 结构应力法计算应力因子的基础数据

i	$\Delta\sigma_i$	n_i	ΔS_i	N_t	D_i	$n_i \times S_i^m$
1	40	400000	86.7924	7898930	0.050640	4.66977×10^{11}
2	60	300000	130.1886	2220353	0.135114	1.24596×10^{11}
3	70	300000	151.8867	1370521	0.218895	2.01855×10^{11}
合计	—	1000000	—	—	0.404649	3.73148×10^{12}
S_{eq}	125.8103	S_{ref}	134.6	应力因子	0.934698	—

根据 BS 15085-3：2007，应力因子大于 0.9，所以该接头的应力等级为"高"。同样，一旦应力状态等级得到确定，接下来结合安全等级要求，设计人员就可以对该焊接接头确认其质量检查等级。

还要指出的是，不同的疲劳载荷将导致不同的疲劳应力，不同的疲劳应力将导致不同的应力因子，因此在多载荷情况下，需要对所有的载荷工况循环计算应力因子，然后取其最大值确认应力类别。

另外，在多载荷工况的情况下，用疲劳损伤累积的大小来确认应力类别是困难的。其主要原因是疲劳损伤值难以被划分为一个对任何结构设计都认可的阶梯等级，例如，当疲劳损伤累积值大于等于 1 时，仅是理论层面上确认此时结构发生了疲劳失效。事实上，有的工程结构设计规定的疲劳损伤累积值上限为 0.5，有的工程结构规定疲劳损伤累积值的上限为 0.6，即疲劳损伤累积值上限规定的差异化是允许的，也是客观存在的。而具体的上限值的规定，主要取决于结构在一个多目标的设计过程中对所有约束条件的综合考虑，一般来说，差异取决于每个约束条件的权重。

9.5 焊接接头的最好疲劳行为

9.5.1 最好疲劳行为的定义

在焊接结构抗疲劳的设计过程中，每一个设计师当然希望他设计的结构或接头能获得最好的疲劳行为。或许是因为权威性不够，这样一个值得讨论的问题在一般的设计标准中很少被提及，但是英国的 BS 7608：2007 标准却对"最好的疲劳行为"进行了定义："对于焊接和螺栓连接的钢结构，疲劳寿命通常是由一些接头的疲劳行为决定的，包括主要的和次要的接头，甚至包括因制造或搬运所需要的辅助构件，例如，被保留在产品中的焊接支架或吊环，它们可能都是导致疲劳裂纹的区域，因此也应该对它们进行疲劳评估。当某个产品被细化和被建造时，如果能使应力集中保持最小，那么就可以获得最好的疲劳行为。并且，在可能的情况下，要让元件能够以其预期的方式变形，而不至于因局部约束而引入二次变形和二次应力。"[7]

BS 7608：2007 标准给出的这个定义很简洁，但是内涵却很丰富。

1）它指出了应力集中是影响疲劳行为的关键因素，因此让应力集中保持最小是获得最好疲劳行为的必要条件。

2）它指出了局部存在的变形不一致的变形约束，将产生对疲劳有负面影响的二次应力，而让局部变形互相协调，可以避免或缓解二次应力。

上面内容涉及的应力集中，前面已经给出定义。下面给出二次变形和二次应力的定义。概念上，二次变形和二次应力是区别于一次变形和一次应力的一种相对概念。一次变形和一次应力是由作用到结构上的外加载荷而产生的变形和应力，变形满足的是协调关系，应力满足的是平衡关系，它们随外力的增加而增大，且无自限性。而二次变形和二次应力，是指由于结构部件的自身位移约束或相邻部件间的位移约束而产生的局部变形与应力，或者是由局部位移相容性引起的，即因局部位移需要满足连续性要求而引起的。

然而，如何识别应力集中、如何缓解应力集中，以及如何避免或缓解二次应力，仅作为概念而被提出是不够的，因为设计人员更需要的是那些可以直接执行的方法与技术，只有这样，"最好疲劳行为"才能像前面提及的"应力因子"的概念那样被量化评估。

9.5.2 最好疲劳行为的获得方法

关于"使应力集中保持最小，以获得最好的疲劳行为"，以及"要让元件能够以其预期的方式变形，而不至于因局部约束而引入二次变形和二次应力"的设计原则，已经在大量的专著与设计标准中被普遍承认[9,10]。遵循这些原则，文献 [1]归纳总结了许多提高疲劳强度的具体措施，这些措施包括：采用合理的结构形式以减少刚度的突变；优先选用对接焊缝、单边 V 形焊缝和 K 形焊缝，尽可能不用角焊缝；避免偏心搭接；使焊缝位于低应力区；开缓和槽使力线绕开应力集中等。而国外的一些设计标准，例如 BS 15085-3：2007 标准，遵循这些原则也对焊接接头设计（weld joint design）提出了某些细节上的具体要求，例如：应避免带有尖角以及明显横截面变化的焊接接头；传力线应尽可能保持平缓过渡，或者力的路径尽可能地不被干扰；如果可能的话，被焊接部件的中心线最好是汇集到一点上；在应力较高的区域应该避免焊缝；为了限制变形，焊缝应该分布在部件的中线上或者是对称分布在该中线两侧；为了提高抗疲劳能力，它要求厚度不同的两个截面之间应当逐渐过渡，如图 9-10 所示。

实践表明，上述这些使应力集中保持最小以及减少二次应力的措施有明确的工程实用价值，这些措施样本应该归结于设计经验的积累和力学预判。然而工程上焊接结构与焊接接头的几何形状存在复杂性，疲劳载荷也存在复杂性，这些复杂性导致影响应力集中的变量不再单一，基于经验的设计措施也不可能包括工程上所有的

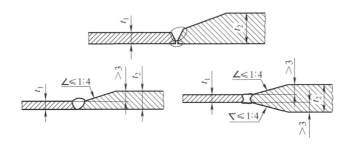

图 9-10　具有不同板厚的部件的对接焊缝

接头设计，例如第 2 章中讨论过的轨道车辆转向架焊接构架上的接头设计就具有这样的复杂性，甚至名义应力都找不到。为了获得最好的疲劳行为，克服这种基于经验的设计局限性，构建一个有先进理论支撑的焊接接头设计体系是必要的。

毫无疑问，结构应力法可以为该体系提供理论支撑。基于结构应力法理论支撑的焊接接头设计体系，可以分解为三阶段递进执行。第一阶段是"应力集中识别"的执行；第二阶段是"应力集中剖析"的执行；第三阶段是"应力集中缓解"的执行。下面，对这三阶段递进执行体系展开讨论。

第一阶段的执行：对一个给定疲劳载荷，给定焊缝与母材的连接关系的焊接接头，确认应力集中的具体位置并计算其峰值。大多数情况下，应力集中发生在焊趾处，少数情况下，应力集中发生在焊根处。有的设计标准甚至还给出了容易发生应力集中的位置，例如 BS 7608：2007 标准认为在设计阶段容易发生应力集中的位置是焊缝的端头、焊趾处、焊缝方向改变处、焊缝根部。然而实际情况是复杂的，有时一个焊接接头上的焊缝端头不止一个，焊缝方向改变处也不止一处；至于焊趾与焊根，焊缝上到处都有。应力集中究竟发生在哪一条焊缝的哪个具体位置上，这只能通过基于结构应力法的建模与计算来解决。

第二阶段的执行：剖析产生应力集中的设计原因。结构应力的计算可以确认应力集中的位置与峰值，那么为什么在这个位置上出现峰值？对这个问题的回答，实际上应该是对一个力学问题的回答。在力学领域里，应力的概念似乎再简单不过了，于是有人认为应力集中不过是结构在外力作用下的一个力学响应，他们重视的是应力与应变之间的物理方程，而忽略了力学上内涵同样丰富的应变与位移之间的几何方程。鉴于这个问题涉及设计的内涵，后面将结合几个案例给予讨论。

第三阶段的执行：提出缓解应力集中的可行方案，并基于结构应力法再次进行应力集中校核。如果在第二阶段能够找出产生应力集中的设计原因，且考虑到任何应力集中都具有显著的局部属性，因此结合焊接工艺的可行性，或凭借设计经验，或凭借关于接头几何的形状优化、焊缝布局优化等措施来缓解设计应力集中。

前面已经指出，不同于制造应力集中，设计应力集中是由焊接接头几何形状的不连续性而引起的。既然应力集中的位置已经在第一阶段得到确认，那么接下来的问题是：应力集中峰值为什么发生在这里而不是在其他位置上？显然，这是设计人员非常关心的一个寻根问题，需要从理论层面上给出答案。

图 9-11 所示的接头上的名义应力，实际上是外力（拉力 P、弯矩 M、扭矩 T）关于该接头几何形状的一个力学响应。

表面上，应力的状态由这些外力控制，但是这种控制是间接的，那么理由何在呢？

首先，让我们回到力学上的物理方程〔见式（7-11）〕上去，不难看

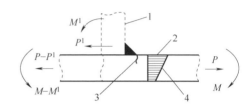

图 9-11　焊缝焊趾处是潜在疲劳裂纹位置的示意
1—焊件　2—名义应力 $=(P/A+M/Z)$
3—潜在的焊接裂纹位置　4—应力分配

出应力实际上由应变控制。然后，再回到力学上的几何方程〔见式（7-12）〕上去，也不难看出应变由变形的变化程度控制。综合上述关系，可以看出应力是由变形的变化率所控制的一个物理量。

据此推理，应力集中的"集中程度"，应该由靠近应力集中处的变形的变化程度控制，而变形的变化程度，事实上又被抵抗变形能力的刚度所控制。沿着这个力学规律指引的方向思考，我们可以得出一个有工程意义的判断：为了缓解应力集中，在载荷的主要作用方向上或传力路径上，让焊缝及其附近的材料尽可能地保持刚度协调，应该是获得最好的疲劳行为的一个有效设计原则。

基于这一判断，现在可以对图 9-10 中三个厚度渐变的接头设计的合理性找出理论根据：厚度渐变的刚度协调缓解了应力集中，因此获得了好的疲劳行为。

下面再取来自 IIW 文件[8]的 S-N 数据继续讨论刚度协调设计原则带来的好处。在表 9-6 中，横向承载的对接平焊缝上，焊缝余高不同，一个是保留焊缝余高的原焊态（IIW 文件中编号为 213 的接头），一个是焊缝余高部分磨掉（IIW 文件中编号为 212 的接头），一个是焊缝余高被全部磨掉（IIW 文件中编号为 211 的接头），它们的疲劳强度等级分别是 FAT = 80、FAT = 100、FAT = 125。

表 9-6　横向承载的对接平焊缝数据

IIW 文件中的编号	对接焊缝、横向承载	描述	FAT
211		承受横向载荷对接焊缝（X 形或 V 形坡口），磨平，100% 无损探伤	125
212		现场平焊对接横向焊缝，焊趾角度小于 30°，无损探伤	100
213		不符合 212 条件的横向对接焊缝，经无损探伤	80

IIW 文件给出的疲劳寿命计算公式是

$$N=\frac{C}{\Delta\sigma^m}\text{或}N=\frac{C}{\Delta\tau^m}$$

式中，C 是在双对数坐标系下控制 $S\text{-}N$ 曲线高低的常数，本例中，它们分别是：1.012×10^{12}、2.000×10^{12}、3.906×10^{12}，由于 $S\text{-}N$ 曲线斜率相同（m 均为 3），因此在同样的横向疲劳载荷作用下，它们疲劳寿命的比例大约是 1：2：4，这意味着，焊缝余高被全部磨掉的焊接结构寿命是原焊态的 4 倍，余高部分磨掉的寿命是原焊态的 2 倍。分析其原因，在横向力作用的方向上，余高被全部磨掉后，横向拉伸刚度是均匀的；余高部分磨掉的，焊趾处横向拉伸刚度发生了一定程度的不协调；原焊态的，焊趾处横向拉伸刚度发生了较大程度的不协调。

再举两个案例，分析的 $S\text{-}N$ 数据同样来自上述 IIW 文件。基于静强度需要，如图 9-12 所示，一个工字钢接头上翼缘焊有补强板。其中，因补强板的厚度 t_D 不同，疲劳等级也不同：

如果 $t_D<0.8t$，FAT = 56；

$0.8t<t_D<1.5t$，FAT = 50；

如果 $t_D>1.5t$，FAT = 45。

同样，IIW 文件也分别对应给出三种疲劳强度等级的常数 C，它们分别是：3.512×10^{11}、2.500×10^{11}、1.823×10^{11}，由于 $S\text{-}N$ 曲线斜率 m 均为 3，因此根据前面提及的疲劳寿命计算公式，在同样的疲劳载荷作用下，它们疲劳寿命的比例大约是 3.5：2.5：1.8，这意味着，补强板越厚，端焊缝焊趾处应力集中水平越高，疲劳寿命越短；补强板越薄，端焊缝焊趾处应力集中水平越低，焊缝疲劳寿命越长。分析其原因，与第一个例子是一样的，如果该梁承受弯曲疲劳载荷（大多数情况是这样），梁的上翼缘的端焊缝将承受如图 9-11 所示的横向载荷，在这个载荷方向上，补强厚度越大，焊趾处弯曲刚度不协调的程度就越高，从而导致端焊缝焊趾处疲劳寿命越短。

如果将图 9-12 所示的焊接接头的端焊缝按照图 9-13 所示的样子进行磨削处理，结果疲劳等级均得到提高：

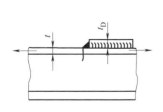

图 9-12　焊有补强板的工字钢接头

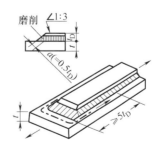

图 9-13　补强板端焊缝打磨以后的接头

如果 $t_D<0.8t$，FAT = 71；

0.8$t<t_D<1.5t$，FAT = 63；

如果 $t_D>1.5t$，FAT = 56。

对应的三个常数 C 也从 3.512e×10^{11}、2.500e×10^{11}、1.823e×10^{11} 分别提升为 7.518e×10^{11}、5.000e×10^{11}、3.512e×10^{11}，由于 S-N 曲线斜率 m 均为 3，因此在同样的疲劳载荷作用下，与没有磨削的端焊缝的疲劳寿命对比，疲劳寿命大约是原焊缝的 2 倍。

为什么仅仅是一个很小的磨削就能让一条焊缝获得那么好的疲劳行为？道理同前，即焊缝附近实现了弯曲刚度渐变式的协调。

事实上，上述两个案例不应该被看成一个简单的数字对比，它们给出的刚度协调的设计理念已经被用来解决工程实际问题。除了第 6 章给出的那个工程案例外，下面再给出另外一个工程案例。

参考文献［9］在讨论焊接接头与焊接结构的疲劳强度时指出：疲劳一般从应力集中处开始，而焊接结构的疲劳又往往从焊接接头处产生。该文献还给出了几个疲劳开裂案例以支持上述观点。其中一个案例是某空气压缩机法兰盘和管道连接处角焊缝的疲劳开裂，图 9-14 给出了从该角焊缝焊趾处开裂的细节。为了避免该处的疲劳开裂，该文献还提出了如图 9-15 所示的接头改进，改进后焊接接头的疲劳强度得到显著提升。

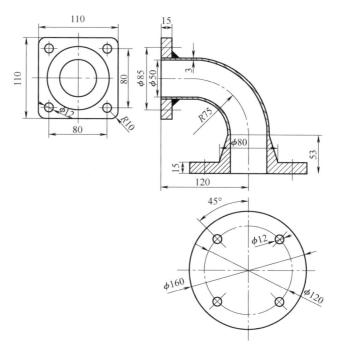

图 9-14 某空气压缩机法兰盘和管道连接处角焊缝的疲劳开裂示意

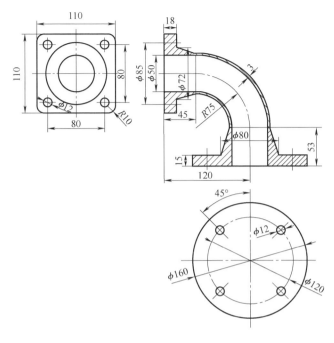

图 9-15　某空气压缩机法兰盘和管道连接处角焊缝改为对接平焊缝的示意

可见，这是一个焊接接头的疲劳行为"由不好转变为好"的典型案例，疲劳行为之所以变好，文献［9］给出了一个理由：是因为将一个应力集中系数很高的角焊缝改为一个应力集中系数较小的对接焊缝。

事实上，从力学的角度观察，这当中应该还有一个更深层次的原因，即角焊缝的接头改为对接焊缝的接头以后，在载荷作用方向上，焊接接头实现了如图 9-15 所示的几何形状的渐变，即实现了载荷作用方向上法兰盘与管道连接焊缝处刚度的协调，正是这种刚度协调，缓解了焊缝处的应力集中，而对接焊缝则是实现了刚度协调的焊接工艺要求。

这里有一个很有意义的细节，如果对文献［9］提出的直锥面接头再次进行微小改动，即将直锥面接头改为弧锥面接头，看看会发生什么。

基于结构应力法，分别创建了含焊缝的三个有限元模型，第一个是原焊接接头的模型，如图 9-16 所示；第二个是改进的模型，如图 9-17 所示；第三个是继续改进的模型，如图 9-18 所示。

123

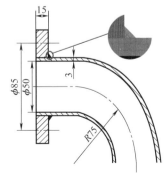

图 9-16　原角焊缝的有限元模型细节

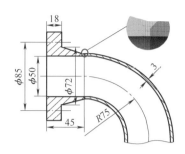
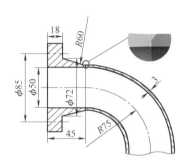

图 9-17　改进为对接焊缝的有限
元模型细节（直锥面接头）

图 9-18　再次改进为对接焊缝的有限
元模型细节（弧锥面接头）

由于参考文献［9］仅给出了 CAD 图样与设计尺寸，因此根据以往的经验，计算时做出了以下假设：材料的屈服强度为 345MPa；外加载荷施加在左上法兰盘的四个螺栓孔处，每个螺栓孔的水平方向施加 1500N 的拉力。同时，根据 BS 15085 标准，确定了接头焊缝的设计尺寸，然后根据每一条焊缝焊趾的实际位置，对应地定义了两条焊线。

基于结构应力法，分别计算了角焊缝与对接焊缝焊趾上的结构应力，图 9-19 给出了焊缝上结构应力（应力集中）计算结果对比。

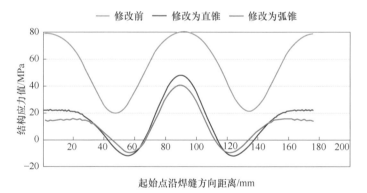

图 9-19　三个方案焊缝上结构应力（应力集中）数据对比

从图 9-19 给出的对比结果中可以看出，角焊缝接头的最大结构应力（应力集中）为 80.1MPa，改进为直锥面的对接接头焊缝上的最大结构应力（应力集中）为 48.3MPa，下降了 40%。将直锥面改为弧锥面以后，焊缝上最大结构应力（应力集中）为 41.0MPa，下降了 50%。

如果疲劳载荷假设为循环特性 $R=0$ 的脉动循环载荷，那么两个改进接头上的等效结构应力也将分别下降为 40% 与 50% 左右。根据主 S-N 曲线方程：$N=C_0/(\Delta S_s)^{-1/h}$ 可以推算出它们的疲劳寿命也将相对提高很多。

这里要指出的是，第三个接头的设计改进看起来微不足道，但是改进以后抗疲劳能力的提升是值得肯定的。"细节决定成败"，对焊接接头的设计来说，其实道理是一样的。

另外，在讨论刚度协调设计原则时，需要注意薄板在不同方向上的刚度是悬殊的，即薄板面内的膜刚度远大于与薄板抵抗弯曲变形的刚度，之所以强调薄板的这一力学特点，是因为工程上许多焊接结构是由薄板组焊而成的，例如轨道车辆焊接构架上的横梁、侧梁，车体的牵引梁等都是如此，且内部布置了若干隔板以提高其抗扭刚度。在这些薄板组焊结构的传力过程中，一个薄板的面内载荷，对另外一个薄板来说，很容易转换为它的弯曲载荷，如果在接头设计的过程中忽视薄板的这一力学特点，那么很容易产生附加的二次应力。

9.5.3 好与不好疲劳行为的案例

BS 7608：2007 标准认为绝大多数疲劳失效是因为糟糕的接头形状导致了糟糕的路径应力及应力集中。基于这一观点，可以将接头区分为两类：一类是因为形状不好而使疲劳行为不好的接头，一类是因为形状好而使疲劳行为好的接头。下面给出三组接头的应力集中计算数据，并给出"好"与"不好"的理论解释。

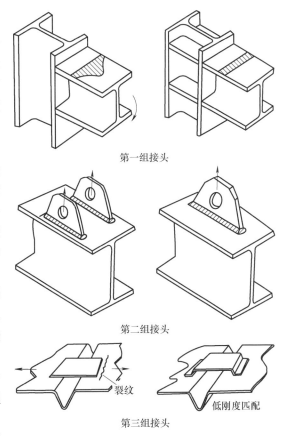

第一组接头

第二组接头

第三组接头

图 9-20　基于刚度协调原则改进的三个接头

如图 9-20 所示，三组焊接接头中每一组左侧接头的形状与疲劳行为都不是很好，而右侧接头的形状与疲劳行为都比较好，接头材料均为屈服强度为 345MPa 的 Q345 结构钢。

首先，基于结构应力法对每个接头上的应力集中进行识别。创建的三组有限元模型中全熔透焊缝的焊脚尺寸为 5mm。然后，分别计算这三组接头的结构应力或应力集中的分布。接着，从理论上分析应力集中产生的原因。

第一组接头：图 9-21 给出了用三维块体单元创建的含焊缝的

两个有限元模型，块体单元尺寸均为 5mm。将弯矩载荷转化为作用到上下翼缘的载荷±20kN。结构应力的计算结果表明：形状不好接头的结构应力（应力集中）的峰值为 58.9MPa，发生在焊缝中间焊趾处。进一步的理论分析表明，产生应力集中的原因是它的应力路径上刚度不协调。而形状好的接头，因为在应力路径上补焊了四个（绿色）薄板，使得应力路径上刚度得到协调，从而使得同样位置上的应力集中峰值下降了 43%，为 34MPa。

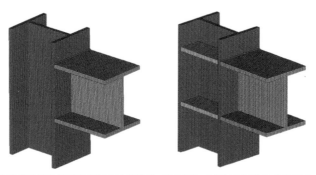

形状与疲劳行为都不好的接头计算模型　　形状好与疲劳行为好的接头计算模型

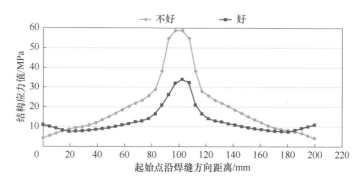

图 9-21　第一组接头上焊缝结构应力（应力集中）对比

第二组接头：图 9-22 给出了用三维块体单元创建的含焊缝的两个有限元模型，块体单元尺寸为 5mm，作用在两个耳孔上的拉伸载荷均为 40kN。计算结果表明：形状不好的接头的结构应力（应力集中）的峰值为 41.9MPa，发生在焊缝两端。进一步的理论分析表明，在拉伸载荷作用下，薄板组焊的工形梁接头上盖板的弯曲刚度显著小于腹板膜刚度，因此导致该接头上盖板与腹板连接的角焊缝附近刚度显著不协调。而形状好的接头，其拉力作用方向与腹板共面，避免了载荷作用方向上刚度的不协调，因此焊缝结构应力（应力集中）峰值下降了 77%，为 9.82MPa。

第三组接头：图 9-23 给出了用三维块体单元创建的含焊缝的两个有限元模型，块体单元尺寸为 5mm。在 60kN 的水平拉伸载荷作用下，形状不好的接头上焊缝的结构应力（应力集中）峰值为 27.8MPa。进一步的理论分析表明，该接头在载荷

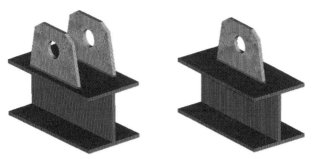

形状与疲劳行为都不好的接头计算模型　形状好与疲劳行为好的接头计算模型

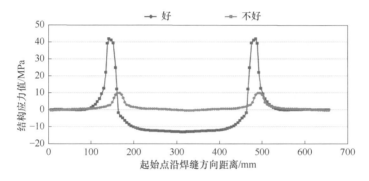

图 9-22　第二组接头上焊缝结构应力（应力集中）对比

形状与疲劳行为都不好的接头计算模型　形状好与疲劳行为好的接头计算模型

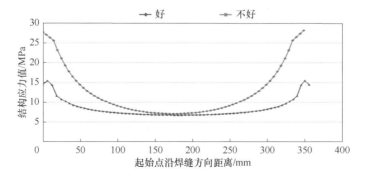

图 9-23　第三组接头上焊缝结构应力（应力集中）对比

作用方向上产生了偏心弯曲效应，且焊缝处弯曲刚度不协调。而形状好的接头，因为偏心弯曲效应基本消失，且载荷作用方向上拉伸刚度趋于渐变，结构应力（应力集中）的峰值因而下降了45%，为15.4MPa。

9.6　刚度不协调的工程案例

事实上，在焊接结构抗疲劳设计时，需要注意刚度的协调以缓解局部的应力集中，这已经是国内外焊接专家形成的共识。在许多文献里可以看到他们给出的解释与示例，例如，国内的《焊接结构》[9]、国外的《焊接结构疲劳强度》[10] 等文献里，给出了一些结构刚度协调的示范，也给出了一些结构刚度不协调的设计提醒。

关于刚度协调，Gurney 博士曾给出这样的建议："对整体结构而言，建议采用逐渐变化的断面，防止刚度突然变化。对于接头设计而言，要使其获得均匀的应力分布，并注意防止产生二次弯曲应力。"[10]

考虑到这个问题的重要性，下面给出实际发生过的因刚度不协调导致疲劳问题的五个案例。

1. 某机车焊接牵引座端部焊缝出现了疲劳开裂

某机车焊接牵引座的端部焊缝疲劳开裂以后，有人建议将牵引座的补强板加厚以增加其强度，然而补强板被加厚了以后，端焊缝的疲劳寿命反而更短了。后来有人建议将牵引座向后移动一段距离，结果问题依旧。其实原因很简单，端焊缝因补强后连接刚度变得更不协调，从而导致应力集中反而加剧。事实上，这是"应力集中的转移"而不是"应力集中的缓解"。

2. 某焊接构架箱形侧梁内焊缝存在疲劳隐患

图 9-24 所示的某焊接构架的侧梁曾经发生过疲劳隐患。该焊接构架在外侧作用有垂向疲劳载荷，侧梁内部布置了一块传递力的隔板，外载荷通过该隔板向侧板传力，于是一个面内载荷转化为垂直于板面的载荷，由于薄板的面内刚度（膜刚度）与弯曲刚度的大小截然不同，因此在局部引起了二次弯曲应力，而二次弯曲应力产生的本质是局部刚度突变所导致的变形不协调。

为了去除该处的二次弯曲应力，对设计进行了如图 9-25 所示的修改，即将侧梁内部的隔板分解为两块隔板，且在新的位置上与外载荷共面。计算结果表明，该方案符合刚度协调原则，其疲劳寿命更好地满足了设计要求。

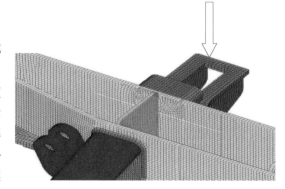

图 9-24　焊接构架的三维有限元模型

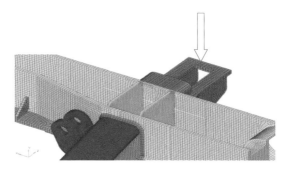

图 9-25 焊接构架的局部改进设计及对应的三维有限元模型

3. 某动车组裙板支架上的焊缝出现了疲劳开裂

刚度协调设计看似一个简单的问题，可是实际情况却并非如此。图 9-26 是由国外设计的某动车组裙板支架上的焊缝开裂。

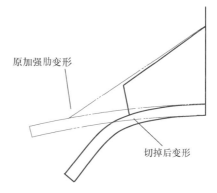

图 9-26 某动车组裙板支架上的焊缝开裂及其变形对比

该处焊缝没有任何质量问题，是设计人员将补强板切掉了一块以方便两侧螺栓的紧固，这破坏了补强板抗弯刚度的连续性导致了局部刚度不协调，在弯曲载荷作用下，在切角处产生了明显的应力集中后导致焊缝疲劳开裂。

4. 某发电车下油箱焊接吊钩角焊缝发现了疲劳裂纹

图 9-27 所示的是某发电车下油箱的焊接吊钩。从静强度设计的角度看，该焊接吊钩的强度是安全的，但是由于焊缝处的弯曲刚度的不协调，在一条较差的轨道线路上服役不久角焊缝的焊趾处就出现了疲劳裂纹。后来，按照图 9-28 示意的那样修改了该吊钩的局部结构，即将原角焊缝接头用一个无焊缝的角钢替代，接着用对接焊缝形成一个新的接头，对该焊缝而言，新接头的拉伸刚度是协调的，因此疲劳问题得到了解决。

图 9-27　某发电车油箱吊钩的角焊缝疲劳开裂　　　图 9-28　角焊缝移走为对接焊缝示意

5. 某货车制动梁防脱焊接吊耳焊缝出现了疲劳开裂

图 9-29 是某货车制动梁防脱焊接吊耳焊缝的疲劳开裂，原因是新焊的吊耳破坏了梁的弯曲变形的连续性，于是焊缝处弯曲刚度的突然变化导致了疲劳开裂。

 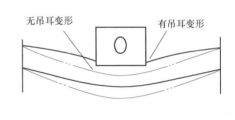

图 9-29　制动梁吊耳处焊缝疲劳开裂及其变形对比

　　以上五个案例的结构其实并不复杂，应力集中及刚度不协调也比较容易识别，如果在设计阶段不是仅停留在静强度的认知水平上，这类的疲劳隐患可以完全避免。

　　但是许多焊接结构的情况并不都是这样的简单，大多数结构的几何形状、装配过程、焊缝布置、载荷工况都很复杂。图 9-30 所示的某型号高速动车组转向架的焊接构架就是这样的复杂结构。

　　面对这样的焊缝处刚度变化复杂的结构，设计时即使能考虑到了刚度协调的设计原则，但是如果没有好的应力集中计算平台，原则的贯彻也将可能落空。理由是焊缝细节上每个工况下应力集中的识别，不仅是具体位置的识别，还有应力集中峰值的识别。如果问题比较简单，凭借经验也只能识别应力集中发生的位置，而不能识别峰值。因此应力集中的有效识别需要"位置"与"峰值"两方面的信息支持。对复杂的焊接结构来说，基于结构应力的虚拟疲劳试验技术可以提供这两方面的信息支持。

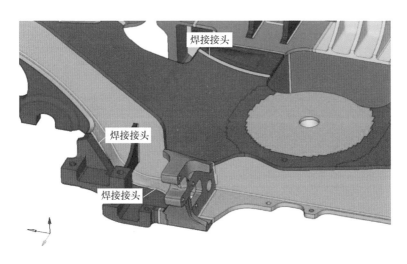

图 9-30　高速动车组转向架焊接构架上的局部结构

9.7　本章小结

焊接接头设计标准 BS 15085-3：2007，或与之对应的国家标准 GB/T 25343.3—2010，在焊接结构设计领域获得了广泛的应用，然而关于通过计算疲劳寿命来确认应力因子的问题，这些标准提出了要求，却没有提供具体的计算方法。针对这个问题，本章给出了解决方案，其中包括基于子结构技术的焊接接头疲劳载荷的获取，基于结构应力法的应力因子的量化计算。这些技术与方法的引进，让这个国际上著名的设计标准得以完整执行。

另外，关于如何获得最好疲劳行为，本章提出了一个系统性的解决方法，即基于结构应力法的三阶段递进执行法，并通过案例阐明了应力集中识别、剖析、缓解这三个阶段的执行路线。同时，还用三组"好"与"不好"焊接接头上应力集中的对比，验证了三阶段递进执行法的有效性。

事实上，应力集中的识别、剖析、缓解，完全不需要疲劳载荷谱，或者完全不需要等到疲劳寿命计算出来以后再来评价疲劳行为的好与不好。认识到这一点，有利于将焊接接头抗疲劳设计的被动状态转化为主动状态。

归根结底，无论是应力因子的量化计算，还是以应力集中为判据的最好疲劳行为的获得，都要归功于结构应力法所蕴藏的理论力量。

最后，为了让焊接接头的设计获得最好的疲劳行为，本章又提出了刚度协调的设计原则，并从力学的角度讨论了刚度协调设计原则的理论基础。事实上，这一设计原则，与 BS 7608：2007 标准提出的设计要求是一致的。不过，这里需要再次强调的是，习惯于静强度设计的设计人员，在对焊接接头进行疲劳强度设计时，要尽

131

快转变观念以养成一个新的设计习惯，即以刚度是否协调为导向的设计习惯。

参 考 文 献

[1]　Railway Applications-Welding of Railway Vehicles and Components Part 3：Design requirements：EN15085-3：2007 [S]. Brussels：European committee for standardization，2007.

[2]　国家铁路局. 铁路应用　轨道车辆及零部件的焊接：第三部分　设计要求：GB/T 25343—2010 [S]. 北京：中国标准出版社，2010.

[3]　Structural requirements of railway vehicle bodies：EN 12663：2000 [S]. Brussels：European Committee for Standardization，2000.

[4]　客运车辆后转向架——走行部转向架结构疲劳强度试验：UIC515-4 [S]. 铁道部标准计量研究所，译. 1997.

[5]　Railway applications-Wheelsets and bogies-Method of specifying the structural requirements of bogie frames：EN 13749：2011 [S]. Brussels：European Committee for Standardization，2011.

[6]　王勖成. 有限单元法基本原理和数值方法 [M]. 北京：清华大学出版社，2003.

[7]　Fatigue design and assessment of steel structures：BS 7608：2014＋A1：2015 [S]. London：British Standard Institule，2015.

[8]　Recommendations for fatigue design of welded joints and components：XIII-1539-07/XV-1254r4-07 IIW document [S]. Paris：IIW/IIS，2008.

[9]　田锡唐. 焊接结构 [M]. 北京：机械工业出版社，1996.

[10]　Gurney T R. 焊接结构的疲劳 [M]. 周殿群，译. 北京：机械工业出版社，1988.

第 10 章

基于结构应力的虚拟疲劳试验技术

在第 1 章中已经指出，设计阶段可以产生应力集中，制造阶段同样也可以产生应力集中，而不同的阶段应该有不同的责任与对策。制造应力集中发生在制造过程中，如焊接工艺缺陷导致焊缝未焊透、未熔合、咬边、气孔、夹渣等，还有装配误差过大导致错位、不对中等，这些都属于制造应力集中。面对制造应力集中，可以从质量管理体系上采取应对措施，因为它们是显性的，是可以检查的，且一旦采用磁粉探伤、X 射线探伤等手段检查出焊缝有质量问题以后，或修补，或报废，总之是可以严格检查与控制的。与此同时，当前还有许多可以明显提高焊缝抗疲劳能力的具体措施可供选择，例如焊缝喷丸、焊趾重熔等技术。良好的质量检查手段与质量控制手段，可以发现和改善焊接质量问题导致的应力集中。比较而言，设计过程中产生的应力集中则是隐性的，不容易被发现。

通常首先根据设计经验或设计标准标注出每条焊缝焊脚尺寸及工艺要求，然后用有限元手段计算焊缝处的应力，其实这并不是焊缝上的真正应力集中，因此有限元的计算结果可以用来进行静强度校验，而不能直接用来计算应力集中。

与第 9 章给出的焊接接头疲劳寿命计算技术相比较，本章将从结构系统的角度出发，给出一个平台技术，即：基于结构应力的虚拟疲劳试验技术，这项技术可以有效地用于设计阶段应力集中的识别与缓解。

10.1 基于结构应力的虚拟疲劳试验技术平台

对于包括轨道车辆装备在内的载运装备来说，它的抗疲劳能力，特别是焊接结构的抗疲劳能力是影响其可靠性的重要因素之一，这样即使在设计与制造阶段已经通过各种周密的技术评审及工艺评审，但是对于那些直接关系到服役安全的零部件，由于影响其产品可靠性的因素的复杂性以及某些不确定性，因此还必须通过疲劳试验来确定设计与制造过程中是否有可靠性漏洞。图 10-1 给出的是某焊接构架正在疲劳试验台上进行疲劳试验的现场照片。

台架上的疲劳试验是必要的，是校验产品可靠性的一个重要科学手段，因此疲劳试验台的建设或更新就成了眼下许多工厂的重要投入方向，但是伴随台架疲劳试验的广泛应用，以下三个问题也随之而产生。

（1）疲劳试验样件的数量问题 疲劳试验必须要有一定数量的试验载体或试验样件，因为从统计学的角度看，样本数量少将可能导

图 10-1　焊接构架的疲劳试验

致一定的统计误差，因此如何在经济成本与可靠性之间确认平衡点，是工厂必须要考虑的，特别是当工期较短时，这个矛盾更为突出。以转向架的焊接构架为例，即使不考虑价值不菲的疲劳台架试验费用，10^7 次的疲劳试验大约就需要一个半月的时间。

（2）疲劳试验结果怎么分析的问题 首先，假如疲劳试验结果满意，在规定次数内试验获得通过，那么剩余的寿命是多少呢？这个潜力又该如何评估？其次，假如疲劳试验结果不满意，例如因某个焊缝的提前开裂而停止了试验，那么为什么从这个焊缝开裂？原因何在？如果确认不是焊接质量问题而是设计问题，它对那些尚未开裂的焊缝又有什么样设计暗示呢？如果仅凭经验，重新设计的下次试验怎样保证其他焊缝也一定能获得通过呢？简言之，这是一个试验结果怎么分析的问题，或者说是台架上试验所能给出的信息并不充分所带来的客观问题。

（3）疲劳试验台架的自身能力问题 工程上有的焊接结构尺寸较大，以我国高速动车组铝合金焊接车体结构为例，长 24.5m、宽 3.26m、高 3.89m。如果需要考察铝合金焊接车体结构的抗疲劳能力，那么至少需要提供一台可以容纳这样大尺寸的疲劳试验台，而事实上，提供这样大尺寸的疲劳试验台并不是一件容易的事情。

由上述情况可知，位于下游的台架上的疲劳试验需要有其他手段与之互补，而位于上游设计阶段的虚拟疲劳试验则有能力实现这个互补。

虚拟疲劳试验（virtual fatigue test，简称为 VFT）的定义是：在产品样机或样件的设计阶段，基于计算机的数值仿真技术，将产品样机或样件抽象为仿真计算模型进行替代物理试验的数值仿真。

将 VFT 技术用于焊接结构，即选取将来要执行的疲劳试验大纲中的疲劳载荷和约束条件作为输入，然后在计算机上建模并求解试验对象的疲劳损伤或疲劳寿命，从而减少或替代疲劳台架上原尺寸的实物试验。近些年，关于焊接结构虚拟疲劳试验的研究也越来越受到重视[1-5]，但是以名义应力为内核的算法明显地束缚了研究的进展。之所以出现这种情况，是因为台架上的疲劳试验不需要 S-N 曲线数

据，它的抗疲劳能力已经被自动包含在试验过程与数据里了，而虚拟疲劳试验则一定需要 S-N 曲线数据，因为它的疲劳寿命或损伤是用 S-N 曲线数据来计算的。虚拟结果将强烈地依赖 S-N 曲线数据的可靠性，这一点极为重要，假如 S-N 曲线数据出了问题，那将"失之毫厘，谬以千里"。由于焊接结构的虚拟疲劳试验技术的这一特殊性，因此建议其核心技术应基于结构应力而不是仅基于名义应力。

鉴于焊接结构虚拟疲劳试验的核心技术需要基于结构应力而不是名义应力的这一点特别重要。2003 年美国 SAE FD&E 曾向全球发出了一项"疲劳预测挑战"，疲劳试验结果将在所有参赛者提交疲劳寿命预测结果以后公布，最终结构应力法（主 S-N 曲线法）因计算结果与实测结果相吻合而击败其他所有参赛选手获胜，并赢得了"最佳预测"奖，这是应用结构应力法进行虚拟疲劳试验的一个成功案例（具体内容见第 13 章）[6]。

图 10-2 给出了基于结构应力法的虚拟疲劳试验的流程，焊接结构虚拟疲劳试验的具体步骤如下。

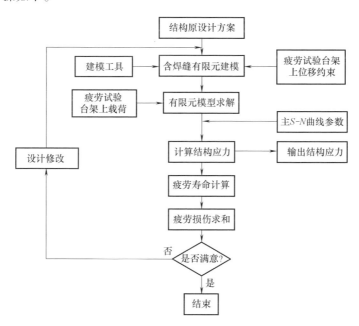

图 10-2　基于结构应力法的虚拟疲劳试验的流程

1）提出焊接结构初始设计方案，方案中含焊缝设计要求，例如角焊缝的具体尺寸。

2）创建含焊线（一条焊缝定义两条焊线）的有限元模型，该模型可以用三维块体单元离散，也可以用板壳单元离散，但是第 7 章已经指出，板壳单元离散最好，用三维块体单元离散的好处是计算结果直观。至于是否选用高阶单元，视求解对象的结构规模而定。

135

3）按照台架疲劳试验大纲的要求确定静强度载荷工况，其中包括液压作动器的具体位置，试验对象在台架上的工装约束。

4）施加边界条件并对每一工况求解，并观察与绘出每一工况下沿焊线的结构应力分布，实际上该分布就是沿着焊缝的应力集中的分布。

5）根据应力集中计算结果判断是否满足静强度指标下的安全性要求，如果满足，继续下一步，否则修改设计，转向2）。

6）按照台架疲劳试验大纲要求确定疲劳计算工况，其中包括每一载荷分量的加载波形（含频率与循环次数）。

7）对所有疲劳载荷工况循环，分别计算每一疲劳载荷工况下的每条焊缝上的结构应力变化范围，由于结构是线弹性的，因此只需计算循环载荷的峰值应力，然后利用载荷大小的比例即可算出应力变化范围。

8）根据等效结构应力变化范围计算公式，计算考虑了板厚影响以及弯曲比影响的等效结构应力变化范围。

9）绘制并输出沿焊线分布的结构应力及等效结构应力。

10）根据标准，选择计算常数以及标准偏差，计算每个工况下的疲劳损伤，通常为安全起见，建议向下选两个偏差（$-2\overline{\sigma}$）。

11）基于Miner损伤累积法则，计算总的疲劳损伤。

12）如果总的疲劳损伤满足设计要求，继续下一步，否则修改设计，转向2）。

13）VFT结束。

关于步骤5），这里需要给予补充说明：事实上结构应力法还可以对焊缝尺寸设计的大小进行静强度校核，有兴趣的读者可以阅读文献［7］~［9］，在这些文献里有非常详细的介绍，这里不再重复。

10.2 虚拟疲劳试验的实例

10.2.1 某轨道货车三轴焊接构架的虚拟疲劳试验

新设计的该焊接构架由两根侧梁与两根横梁组焊而成。按虚拟疲劳试验流程，首先根据设计图样创建含焊缝的有限元计算模型，其中需要评估疲劳寿命的焊缝均用三维块体单元建模，且每条焊缝在焊趾处有两条焊线。图10-3给出的有限元模型中标出了9条重要焊缝的具体位置。

欧洲TSI设计规范规定了该类型转向架焊接构架在疲劳试验台架上的疲劳载荷，其中包括了垂向载荷、横向载荷以及它们的变化规律[10]。数值计算时将它们按实际情况输入计算模型里。图10-4给出了疲劳载荷加载与位移约束示意。

疲劳试验载荷的循环加载次数为 10^7 次，分三个阶段加载：6×10^6 次、2×10^6 次、2×10^6 次。这里还需要补充，以原载荷为基准加载 6×10^6 次，如果试验

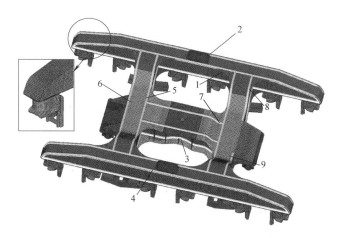

图 10-3　含焊缝的焊接构架的有限元模型

注：图中序号 1~9 为焊缝编号。

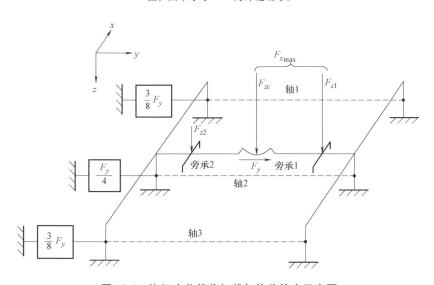

图 10-4　构架疲劳载荷加载与位移约束示意图

没有出现任何问题，随后 2×10^6 次的载荷需要放大 1.2 倍，这之后如果试验还没有出现任何问题，随后 2×10^6 次的载荷还需要放大 1.4 倍，表 10-1 给出了三阶段疲劳载荷的具体数据。图 10-5 给出了疲劳载荷波形。

表 10-1　三阶段疲劳载荷

	心盘处载荷		旁承处垂向载荷	循环次数
	垂向	横向		
第一阶段	F_{zc}	F_y	F_{z1}，F_{z2}	6×10^6
第二阶段	$1.2F_{zc}$	$1.2F_y$	$1.2F_{z1}$，$1.2F_{z2}$	2×10^6
第三阶段	$1.4F_{zc}$	$1.4F_y$	$1.4F_{z1}$，$1.4F_{z2}$	2×10^6

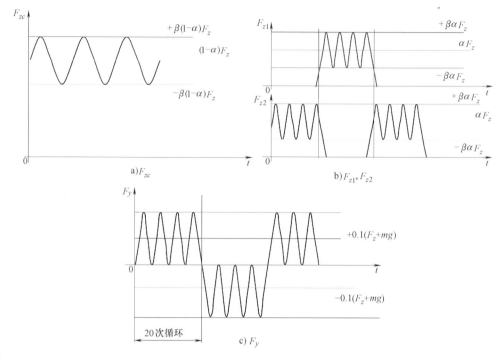

a)F_{zc}

b)F_{z1}，F_{z2}

c)F_y

图 10-5　构架疲劳载荷波形

　　计算疲劳损伤的依据是美国 ASME 标准中的结构应力法[11]。为提高"虚拟疲劳试验"的置信度，主 S-N 曲线计算公式向下取两个标准差，计算时将每一载荷工况的结构应力、等效结构应力都保存起来，最后基于疲劳损伤累积得到总的疲劳损伤。

　　将有限元模型中焊线（这里焊线定义在焊趾上）上节点按焊线走向定义为横坐标，将与节点对应的结构应力值定义为纵坐标，这样就可以绘制出每条焊线上的结构应力曲线。图 10-6 给出了 F_{zc} 工况（简称工况 1）下的焊缝结构应力变化曲线，

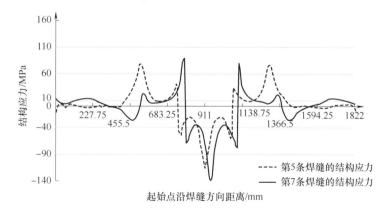

图 10-6　工况 1 焊缝结构应力变化曲线

图 10-7 给出了 F_y 工况（简称工况 2）焊缝结构应力变化曲线。图 10-12～图 10-15 中给出的焊缝上的结构应力曲线，其实是该焊缝所有焊线中峰值较高的那一条。这些曲线特别有价值，因为它提供了以下信息：

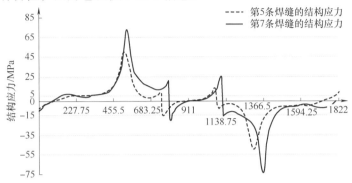

图 10-7 工况 2 焊缝结构应力变化曲线

1）在一条焊缝的长度上，应力集中的峰值有几个，以及哪个位置上的应力集中峰值最高。

2）如果将多条焊缝放在一起，可以比较出哪条焊缝上的应力集中峰值水平最高。

3）如果将所有载荷工况的应力集中峰值结果放到一起对比，可以看到哪个载荷工况对疲劳损伤影响最大。

4）根据这些应力集中峰值对应的位置，可以分析结构上的什么原因导致了如此高的峰值。

根据这些信息，对原结构的局部刚度进行协调修改，接着再次进行虚拟疲劳试验，直到满足设计要求为止。

图 10-8 和图 10-9 分别给出了工况 1 和工况 2 作用下焊缝上原设计与改进设计

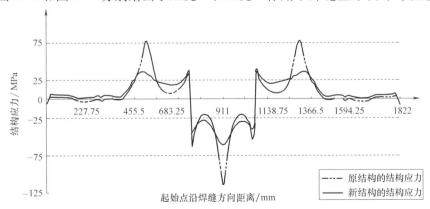

图 10-8 工况 1 作用下焊缝的结构应力变化曲线

的结构应力分布对比。结果表明应力集中得到了明显缓解。

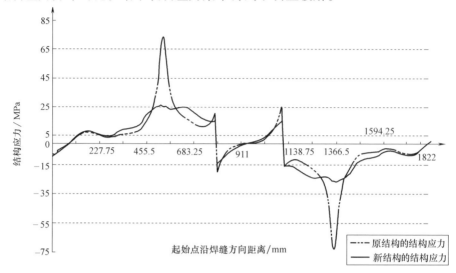

图 10-9　工况 2 作用下焊缝的结构应力变化曲线

10.2.2　某轨道客车转向架焊接构架的虚拟疲劳试验

　　某轨道客车转向架上承载的焊接构架由两根侧梁、两根横梁组焊而成，但是它的焊缝细节及载荷工况要远比前一个案例复杂。图 10-10 所示为焊接构架载荷模式，图中给出了 24 个疲劳载荷的作用位置与方向，这也是疲劳试验台架上液压作动器的加载信息及位移约束信息。

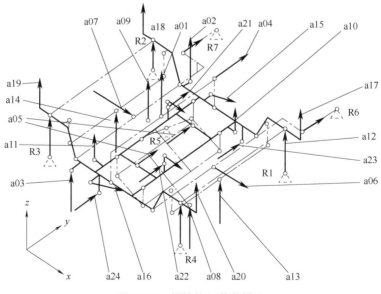

图 10-10　焊接构架载荷模式

对焊接构架进行了含焊缝的有限元建模，在模型中定义了 268 条焊线（134 条焊缝）。图 10-11 给出了焊接构架的计算模型中部分焊线的具体位置。

图 10-12 给出了疲劳试验台架上部分液压作动器的载荷信息，每行对应一个疲劳试验载荷通道。

疲劳试验大纲规定了要按照 EN 12663：2000 标准加载，因此在虚拟疲劳试验仿真计算时，疲劳载荷的加载次数也取 10^7 次。类似上一案例，疲劳载荷也分三级加载[12]。

虚拟疲劳试验输出的结果中给出了大量的信息，其中包括每个载荷工况下每条焊线上的应力集中峰值。表 10-2 给出了部分焊缝上三个阶段的疲劳损伤以及总损伤（疲劳累积值）。

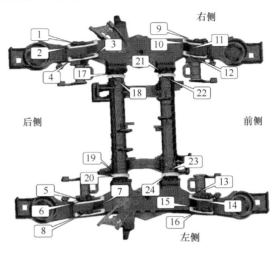

图 10-11　焊接构架的计算模型中部分焊线的具体位置

表 10-2　部分焊缝三个阶段的疲劳损伤

焊缝号	节点号	第一阶段损伤	第二阶段损伤	第三阶段损伤	总损伤
7	206242	2.66×10^{-1}	1.57×10^{-1}	2.54×10^{-1}	6.77×10^{-1}
7	206243	2.63×10^{-1}	1.55×10^{-1}	2.51×10^{-1}	6.69×10^{-1}
8	205485	2.63×10^{-1}	1.55×10^{-1}	2.52×10^{-1}	6.70×10^{-1}
8	205507	2.60×10^{-1}	1.53×10^{-1}	2.48×10^{-1}	6.61×10^{-1}
7	206241	2.54×10^{-1}	1.50×10^{-1}	2.43×10^{-1}	6.47×10^{-1}
8	205471	2.52×10^{-1}	1.48×10^{-1}	2.41×10^{-1}	6.41×10^{-1}
7	206245	2.45×10^{-1}	1.44×10^{-1}	2.34×10^{-1}	6.23×10^{-1}
2	94984	2.43×10^{-1}	1.43×10^{-1}	2.32×10^{-1}	6.18×10^{-1}
2	94983	2.40×10^{-1}	1.41×10^{-1}	2.29×10^{-1}	6.10×10^{-1}
8	205523	2.42×10^{-1}	1.43×10^{-1}	2.31×10^{-1}	6.16×10^{-1}
1	95741	2.41×10^{-1}	1.42×10^{-1}	2.30×10^{-1}	6.13×10^{-1}
1	95719	2.38×10^{-1}	1.40×10^{-1}	2.27×10^{-1}	6.05×10^{-1}
2	94985	2.33×10^{-1}	1.37×10^{-1}	2.22×10^{-1}	5.92×10^{-1}
7	206221	2.30×10^{-1}	1.36×10^{-1}	2.20×10^{-1}	5.86×10^{-1}
1	95755	2.31×10^{-1}	1.36×10^{-1}	2.20×10^{-1}	5.87×10^{-1}

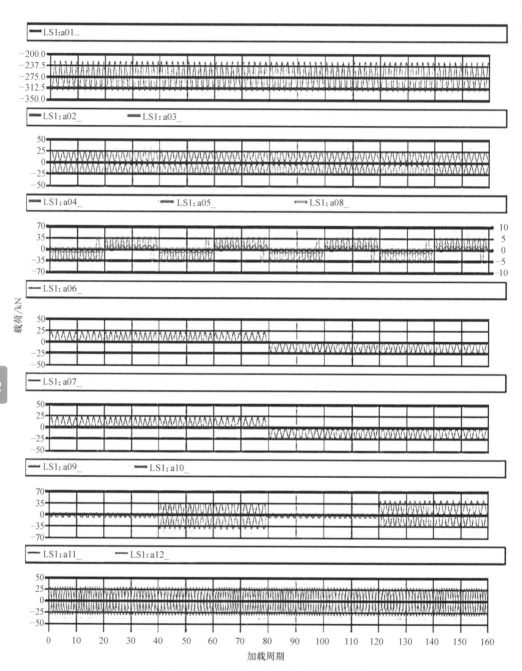

图 10-12　台架疲劳试验部分载荷通道波形

　　虚拟疲劳试验数值仿真计算结果表明，该焊接构架有足够的抗疲劳能力，之后的疲劳台架上的疲劳试验结果也验证了上述结论。

　　假设将来该转向架的服役环境变得恶劣起来，那么该焊接构架上哪几条焊缝最需要提前被关注呢？如果仅有台架上的疲劳试验的结论性评价，这个问题将很难回答，但是现在这个问题的回答将不再困难，因为只要对虚拟疲劳试验得到的上述134条焊缝上的应力集中信息加以整理并给出对比，答案就清楚了。

10.2.3 某铝合金焊接车体的虚拟疲劳试验

前两个案例中的虚拟疲劳试验对象在设计结束以后，可以找到合适的疲劳试验台进行对应的疲劳试验，而对铝合金焊接（以下简称为"铝焊"）车体而言，样件的疲劳试验则要困难一些，因为它的三维尺寸都很大，很难找到合适的疲劳试验台。但是在虚拟疲劳试验这个数值仿真平台上，将不会产生任何困难。

对图10-13所示的某B型地铁中间车体的铝焊结构进行了虚拟疲劳试验，虚拟疲劳试验载荷来自EN 12663：2000标准[12]，该标准对铝焊车体结构的疲劳载荷，是考虑了相关质量后以变化的垂向与横向加速度值定义的，加载次数为1×10^7次。

图 10-13 某 B 型地铁中间车体

该车体结构的有限元模型的规模是：单元总数为545334个；节点总数为406366个。由于该铝焊车体是由若干中空挤压铝型材组焊而成的，建模细节可参阅文献［13］，这里不再重复介绍。

根据计算经验，在模型中定义了12条焊缝，表10-3给出了这些焊缝的具体位置说明。

表 10-3 被评估的焊缝的位置

序号	焊缝名称	序号	焊缝名称
1	地板上部对接焊缝	7	地板下部对接焊缝
2	地板上部对接焊缝	8	地板下部对接焊缝
3	地板上部对接焊缝	9	牵引梁下盖板与枕梁对接焊缝
4	地板上部对接焊缝	10	枕梁内补板与地板搭接焊缝
5	地板下部对接焊缝	11	枕梁与地板搭接焊缝
6	地板下部对接焊缝	12	枕梁与地板搭接焊缝

图10-14给出了第10条焊缝上一个焊趾的结构应力分布。

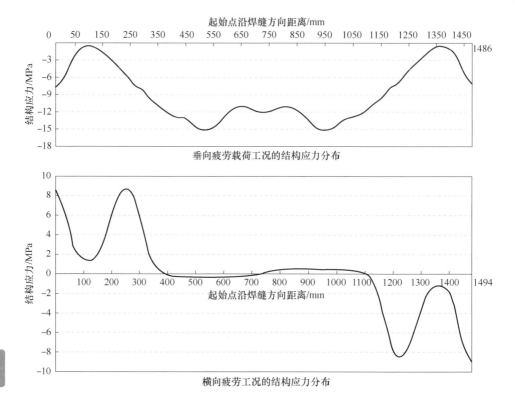

图 10-14　第 10 条焊缝上一个焊趾的结构应力分布

　　从 ASME BPVC Ⅷ-2-2015 标准中选取 98% 可靠度的主 S-N 曲线的两个常数[11]，分别计算了垂向与横向疲劳载荷作用下的疲劳损伤，计算结果表明，12 条焊缝的疲劳损伤均远小于 1，完全满足疲劳寿命设计要求。这个案例的意义在于，当需要对那些规模较大的焊接结构进行疲劳强度评估且不具备规模较大疲劳试验平台时，虚拟疲劳试验技术是一个很好的选项。

　　像其他数值仿真计算技术一样，如果说数值仿真计算结果绝对准确（假如有真实的、绝对准确的结果可比），这是对数值仿真计算技术的一种误解，因为数值仿真计算结果只对数值仿真模型负责，而影响数值仿真模型质量的因素很多，有的可控，有的不可控，但是凭借对算法的理解及所积累的建模经验，可以保证数值仿真计算模型的基本可靠。只要仿真计算模型基本可靠，数值仿真计算的结果互相对比，对设计的优化将是非常有指导意义的。

　　鉴于虚拟疲劳试验技术的上游属性，国内已经有轨道装备制造企业还将它与下游的台架疲劳实验进行了系统集成。图 10-15 给出了物理试验与虚拟试验的集成系统示意，基于这个集成系统，可以显著提高疲劳试验效率。

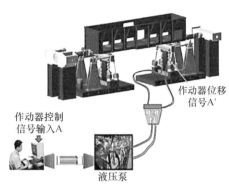

作动器位移
信号A′

作动器控制
信号输入A

液压泵

图 10-15 物理试验与虚拟试验的集成系统

10.3 本章小结

本章提出了一项新的应对策略，即：构建基于结构应力法的焊接结构虚拟疲劳试验技术平台。与台架上物理样件的疲劳试验技术对比，基于结构应力的虚拟疲劳试验技术具有以下特点：

它服务于焊接结构产品的设计阶段，即在仅有方案或图样的设计阶段就可以执行。不管疲劳载荷工况如何，不管焊缝多少，也不管焊缝在三维空间里如何布置，它都有能力识别出每一条焊缝（焊趾、焊根）上应力集中发生的位置与大小。根据疲劳损伤累积，可以预判剩余寿命，支持低成本的设计方案快速对比选优。

具体的工程应用案例证明了本章提出的虚拟疲劳试验平台技术具有上述特点，更重要的是：它完全可与位居产品研发下游阶段的台架疲劳试验技术互补，因此虚拟疲劳试验技术应得到足够的重视。

事实上，这项技术的硬件投入要求并不高，但是对结构应力法理论的深入消化与吸收是必要的，因为它是该项技术的关键理论支撑。

参 考 文 献

[1] 李晓峰，李向伟，兆文忠. 基于二次开发技术及 AAR 标准的货车焊接结构疲劳寿命预测 [J]. 铁道学报，2007，29（3）：94-99.

[2] 兆文忠，魏鸿亮，方吉，等. 基于主 S-N 曲线法的焊接结构虚拟疲劳试验理论与应用 [J]. 焊接学报，2014，35（5）：75-78.

[3] 梁树林，聂春戈，王悦东，等. 焊缝疲劳寿命预测新方法及其在焊接构架上的应用 [J]. 大连交通大学学报，2010，31（6）：29-34.

[4] 李向伟，兆文忠. 基于 Verity 方法的焊缝疲劳评估原理及验证 [J]. 焊接学报，2010，

　　　31（7）：9-12.

［5］ 周张义. 高速货车转向架焊接部件疲劳强度研究［D］. 成都：西南交通大学，2009.

［6］ KYUB H，DONG P S：Equilibrium-equivalent structural stress approach to fatigue analysis of a rectangular hollow section joint［J］，International Journal of Fatigue，2005（27）：85-94.

［7］ NIE C G，DONG P S. A traction stress based shear strength definition for fillet welds［J］. The Journal of Strain Analysis for Engineering Design，2012，47（8）：562-575.

［8］ 聂春戈，魏鸿亮，董平沙，等. 基于结构应力方法的正面角焊缝抗剪强度分析［J］. 焊接学报，2015，36（1）：70-74.

［9］ NIE C G，ZHAO W Z，WANG Y D. Shear strength and failure angle analysis of fillet welds based on structural stress approach［C］. Applied Mechanics and Materials，2013，364：52-56.

［10］ Technical Specification for Interoperability relating to the subsystem，Rolling Stock-Freight Wagons：TSI-1229：2001［S］. Brussels：TSI，2001.

［11］ ASME Boiler and Pressure Vessel Code：ASME BPVC Ⅷ-2-2015［S］. New York：ASME，2015.

［12］ Structural requirements of railway vehicle bodies：EN 12663：2000［S］. Brussels：European Committee for Standardization，2000.

［13］ 兆文忠，等. 工程结构性能的数值分析及实例［M］. 北京：机械工业出版社，2019.

Chapter 11

第 11 章

模态结构应力与频域结构应力

在很多情况下，结构的疲劳失效是由于振动响应引起的。以焊接结构为主要承载结构的轨道车辆为例，轻量化设计技术已被广泛采用，而另一方面伴随提速与重载的需要，结构的服役环境变化也很大，尽管设计人员会针对这些变化而提前采取措施，以降低结构内部可能发生的各种可靠性风险，但是也会存在不能事先完全掌控的影响因素，例如频繁高速通过隧道而诱发的局部模态问题，在第1章中列举的发生在高速动车设备舱裙板焊接支架上焊缝的疲劳开裂，就是这样的一个案例。另外车辆结构随着服役里程的增加，服役过程中轨道与轮对踏面之间的随机磨耗也将复杂起来，而这一随机磨耗过程所导致焊缝上产生的随机振动疲劳的问题，也已经引起了设计人员的高度关注。

本书前面提及的结构应力法已经为焊接结构的抗疲劳设计提供了很好的技术平台。进一步，如果针对焊接结构的模态问题以及随机振动问题，将结构应力法与结构模态分析技术、结构随机振动分析技术集成，那么就可以得到模态结构应力与频域结构应力，从而将结构应力赋予专业特色。

11.1　模态结构应力的定义与计算

在讨论模态结构应力是如何定义之前，首先简要介绍一些与结构模态相关的基础知识，因为模态结构应力本质上是基于模态叠加原理而获得的，关于结构模态的更详细的内容参见文献 [1]~[3]。

11.1.1　模态的基础知识

在结构微振动理论中，如果无阻尼系统仅有一个自由度，如图7-2所示的一个自由度的弹簧系统，它的振动微分方程是：

$$m\ddot{x}(t)+kx(t)=f(t) \tag{11-1}$$

式中，m 为质量；k 为刚度；$x(t)$ 为位移；$f(t)$ 为载荷输入。

当式（11-1）右端载荷 $f(t)$ 为零时，因为没有阻尼 c，因此系统为自由振动，即系统离开平衡位置的振动仅有内部能量交换，或者动能与弹性位能之间的互相交换。如果有阻尼，则系统有能量耗散。为简化推导过程，先忽略阻尼的存在。

事实上，对类似于轨道车辆结构系统而言，它是多自由度振动系统，其振动形态是相当复杂的，因为多自由度振动系统中各自由度的振动是互相耦合的。

下面以图 11-1 所示的三个自由度的自由振动系统为例来说明耦合是怎样产生的。

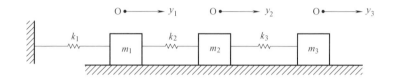

图 11-1 三个自由度的自由振动系统

假设忽略阻尼，系统中三个质量（m_1、m_2、m_3）的位移 y_1、y_2 和 y_3 均以平衡位置作为自己的初始参考零点，已知弹簧的刚度为 k_1、k_2、k_3，那么根据基于动平衡的达朗伯尔原理，很容易写出每个自由度的运动方程

$$\begin{cases} m_1\ddot{y}_1+(k_1+k_2)y_1-k_2y_2=0 \\ m_2\ddot{y}_2-k_2y_1+(k_2+k_3)y_2-k_3y_3=0 \\ m_3\ddot{y}_3-k_3y_2+k_3y_3=0 \end{cases} \tag{11-2}$$

仔细观察式（11-2）中的每一个方程，发现它们均因含有一个以上的未知位移而不能独立求解，这就是所谓的方程耦合，式（11-2）可以写成矩阵形式

$$\boldsymbol{M}\ddot{\boldsymbol{y}}+\boldsymbol{K}\boldsymbol{y}=0 \tag{11-3}$$

式中，$\boldsymbol{M}=\begin{bmatrix} m_1 & 0 & 0 \\ 0 & m_2 & 0 \\ 0 & 0 & m_3 \end{bmatrix}$；$\boldsymbol{K}=\begin{bmatrix} k_1+k_2 & -k_2 & 0 \\ -k_2 & k_2+k_3 & -k_3 \\ 0 & -k_3 & k_3 \end{bmatrix}$。

$\boldsymbol{M}$ 称为系统的质量矩阵，$\boldsymbol{K}$ 称为系统的刚度矩阵，对于任何保守的多自由度系统来说，$\boldsymbol{K}$ 总是对称矩阵，但同时它也是非对角矩阵，其对角元素以外的非零元素是系统自由度耦合的结果。

式（11-3）的解可以假设为

$$\begin{cases} y_1=A_1\sin(\omega_n t+\varphi) \\ y_2=A_2\sin(\omega_n t+\varphi) \\ y_3=A_3\sin(\omega_n t+\varphi) \end{cases} \tag{11-4}$$

将式（11-4）及其二阶导数代入式（11-3）之中，整理以后用矩阵形式表示则有

$$(K-M\omega_n^2)A = 0 \tag{11-5}$$

式中，A 为振型向量，$A = (A_1 \quad A_2 \quad A_3)^{\mathrm{T}}$。

由于振动过程中，A_1、A_2 与 A_3 不能同时为零（同时为零意味着静止状态），所以式（11-5）的系数矩阵对应的行列式必须等于零，即

$$|K-M\omega_n^2| = 0 \tag{11-6}$$

将式（11-6）展开后可以得到一个关于 ω_n^2 的三次代数方程，解此方程可得到 ω_n^2 的三个正根，或三个正的 ω_{n1}、ω_{n2}、ω_{n3} 值，这些值即为该系统的三个固有的自振频率，因为它们仅由系统的刚度与质量决定，因此称为固有频率。

将从式（11-6）求得的每一个特征值 ω_n^2 代入式（11-5），即得与其对应的振型向量，对于 n 个自由度的振动体系，有 n 个自振频率和对应的 n 个振型向量。

上述结构振动耦合是在其物理坐标系中发生的，但是利用结构系统的某些特殊的正交性质，振动解耦是可以实现的，因为理论上已经证明了各个振型旋转以后互相正交。为此，引入一组新的坐标 $\boldsymbol{\xi} = (\xi_1 \quad \xi_2 \quad \cdots \quad \xi_n)^{\mathrm{T}}$，并使新的坐标 ξ 与原物理坐标 y 之间呈线性变换，即

$$y = \sum_{i=1}^{n} \xi_i \phi_i \tag{11-7}$$

式中，ϕ_i 为第 i 阶主振型；ξ_i 为第 i 阶模态坐标（modal coordinate）。

这相当于在 n 维向量空间中 ϕ_1、ϕ_2、$\cdots$、ϕ_n 构成了一组互相正交的向量基底，而原物理坐标系下定义的 n 个自由度系统的振动形式，则为 n 个正交的主振型的线性组合，而 ξ_i 则为第 i 个主振型（主模态）对系统振动的参与因子（或加权因子）。

假设系统阻尼很小可以忽略不计，或者系统的阻尼为比例阻尼，则利用上述坐标变换，可以将考虑阻尼的振动方程变换为互相独立的振动方程的矩阵形式，见式（11-8），或者 n 个相互独立的单自由度的振动形式，见式（11-9）。

$$\overline{M}\ddot{\xi} + \overline{C}\dot{\xi} + \overline{K}\xi = f(t) \tag{11-8}$$

$$\overline{m}_i\ddot{\xi}_i + \overline{c}_i\dot{\xi}_i + \overline{k}_i\xi_i = \overline{f}_i(t) \qquad (i = 1, 2, \cdots, n) \tag{11-9}$$

在新的模态坐标系下，系统各自由度能量不互相交换，因此不存在耦合。式（11-8）中每一个方程的响应可以单独求解，例如用杜哈梅（Duhamel）积分求其响应。求解以后，每个单自由度振动方程的解为

$$\xi_i = \frac{\overline{f}_i}{\overline{k}_i - \overline{m}_i\omega^2 + \mathrm{j}\omega\overline{c}_i} \tag{11-10}$$

将每个单自由度的解代入式（11-9），则原问题的解为：

$$y = \sum_{i=1}^{n} \xi_i \phi_i = \phi\xi = \sum_{i=1}^{n} \frac{\phi_i^{\mathrm{T}} f \phi_i}{\overline{k}_i - \overline{m}_i\omega^2 + \mathrm{j}\omega\overline{c}_i} \tag{11-11}$$

式（11-11）很有价值，因为它表示一个线性结构系统的振动响应分解为若干

个简单的单自由度振动响应的叠加。

工程上我们不必考虑每一个自由度的振动，因为理论已经证明：很高阶的振动能量贡献很小，可忽略不计。

式（11-11）是振型叠加法求解的基本公式之一，也是下面要讨论的模态结构应力的基本公式之一。

11.1.2 模态结构应力的计算公式

首先创建系统有限元形式的动力学模型，结构模态计算以后先提取模态振型，并结合模态坐标下的系统动力学求得的模态坐标的时间历程，根据线性系统模态叠加的思想，将模态振型叠加转化为节点力的线性叠加，然后获得模态结构应力。

1. 模态节点力的获得

前面已经提到结构应力的计算需要节点力，既然模态节点位移可以叠加，那么模态节点力也可以叠加。节点力是单元之间的作用力，可以由下式求出

$$F_e = K^e u \tag{11-12}$$

式中，K^e 为第7章中定义的局部坐标系下的单元刚度矩阵；u 为局部坐标下的节点位移向量；F_e 为单元局部坐标下的单元节点力向量。

从某阶模态向量中提取指定单元 e 的节点相关的位移向量 u^{Φ} 后，再利用坐标变换矩阵 B 就可以变换获得全局坐标下模态节点力

$$F_e = B^T K^e B u^{\Phi} \tag{11-13}$$

当节点被多个单元共享时，需要采用隔离体的办法对相邻的节点力进行合成。

2. 模态节点力的坐标变换

系统坐标系（x，y，z）下求解的焊趾处模态节点力向量 F_j 和力矩向量 M_j 需要变换到以焊线定义的局部坐标系下，这是计算结构应力的一个必要步骤。

从系统坐标系到焊线局部坐标系的坐标变换矩阵 T，可以通过有限元网格模型的节点坐标获得。注意焊线局部坐标系的 y' 方向始终与焊线的切线方向垂直，x' 方向与焊线相切，如图 11-2 所示。

将系统坐标系下的节点力向焊线局部坐标系（x'，y'，z'）变换，变换后得到焊线局部坐标系节点力向量 F_j' 和力矩向量 M_j'。

3. 模态结构应力的获得

基于节点载荷和相邻节点距离 l

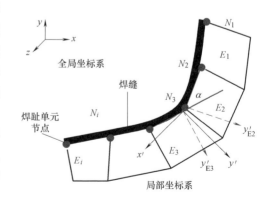

图 11-2 基于焊线的局部坐标系示意

以及定义的长度等效矩阵 L，可以进行节点载荷等效计算，即：将每一阶模态焊线节点对应的焊线局部坐标下 y' 轴方向的节点力转化为该方向单元边上的线载荷 f_j' [见第 7 章式（7-20）]，将每一阶模态对应的每个节点焊线局部坐标下的 x' 轴方向的节点力矩，转化为该方向单元边上的线力矩 m_j' [见第 7 章式（7-21）]。注意，线载荷 f_j' 及线力矩 m_j' 值对节点数量 n 不敏感。

$$F_j' = TF_j \quad M_j' = TM_j$$
$$f_j^\mathrm{T} = (F')_j^\mathrm{T} L^{-1} \quad m_j^\mathrm{T} = (M')_j^\mathrm{T} L^{-1} \tag{11-14}$$

由于已经获得了焊线上的节点线力及线力矩，这样就可以基于结构应力的计算公式最终获得与第 j 阶模态对应的每个节点上的模态结构应力向量 σ_S^i。

$$\sigma_\mathrm{S}^i = \sigma_\mathrm{m}^i + \sigma_\mathrm{b}^i = \frac{f_i'}{t} + \frac{6m_i'}{t^2} \quad i = 1, 2, 3, \cdots, n \tag{11-15}$$

式中，i 为焊线节点编号；n 为沿焊线分布的总点数；σ_m^i 为模态膜应力；σ_b^i 为模态弯曲应力。

令 A 为板厚向量，式（11-15）还可以采用矩阵形式简洁地表示为模态结构应力向量

$$(\sigma_\mathrm{S})_j = T \{F_j, M_j\} L^{-1} A \tag{11-16}$$

模态结构应力 σ_S^i 也是一种载荷响应，不过是通过模态坐标时间历程的叠加获得的，它的单位与结构应力的单位一样，且是由规一化以后的模态振型向量导出的。

由于用于坐标变换的 T、L 及 L^{-1} 矩阵只与焊线位置有关，在模态结构应力计算过程中它们都是不随时间变化的常量矩阵，因此模态节点力与模态结构应力之间存在线性关系，这也证明了模态结构应力的叠加是成立的，对上述步骤加以归纳，给出了疲劳寿命预测流程，如图 11-3 所示。

11.1.3　模态结构应力的计算实例

实例一：如图 11-4 所示的角焊缝的焊接结构，底板长 1600mm、宽 800mm、厚 8mm，圆管高 124mm、壁厚 8mm、外径 320mm，焊脚为 8mm。疲劳载荷 $F = F_0\sin(2\pi ft)$，其中 $F_0 = 500$N。计算时疲劳载荷频率分别取 4Hz、5Hz、6Hz。取图 11-4 中 A 和 B 点为疲劳关注点。事实上因对称性，A 点与 B 点的计算结果是一样的。

模态结构应力法的第一步是创建含焊缝的有限元模型，然后计算结构模态。表 11-1 列出了前四阶结构模态频率值。

表 11-1　前四阶结构模态频率值

模态	1 阶	2 阶	3 阶	4 阶
频率/Hz	7.4	26.6	27.3	68.3

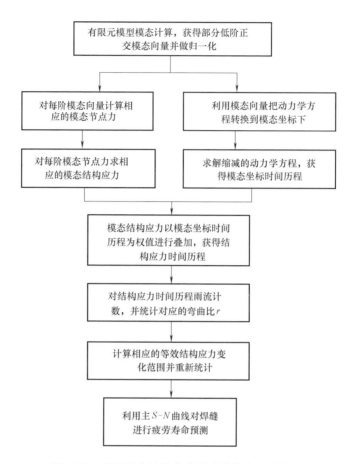

图 11-3 基于模态结构应力的疲劳寿命预测流程

然后施加疲劳载荷以获得 A 点焊趾处模态结构应力响应及疲劳寿命。当疲劳载荷频率为 4Hz 时，疲劳寿命为 6.80×10^6 次；当疲劳载荷频率为 5Hz 时，疲劳寿命为 3.13×10^6 次；当疲劳载荷频率为 6Hz 时，疲劳寿命为 8.04×10^5 次，图 11-5 给出了对比结果，可见随

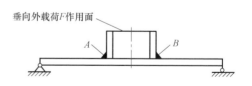

图 11-4 焊接结构示意图

着载荷频率向结构第一阶模态频率（7.4Hz）靠近，结构应力响应增大，疲劳寿命也越短，这证明了模态结构应力法可以直接考虑疲劳载荷频率对结构疲劳寿命的影响。

实例二：下面再给出一个模态结构应力法的实际工程应用案例。图 11-6 所示是某运煤敞车侧墙端部的焊缝疲劳开裂照片，为了避免煤残留，该车采用了振动卸煤措施，使用时将振动卸煤装置跨放在车体上方，然后利用电动机驱动偏心装置产生周期性的振动，工作频率为 24Hz，振动卸煤装置产生的激振力 $F(t) = 6.25 + 3.75\sin(2\pi ft)$，单位为 kN。

对该运煤敞车进行了含焊缝的有限元建模，图 11-7 给出了计算得到的焊缝开裂处侧墙局部模态频率为 23.6Hz，这与该车实际工作模态频率 24Hz 接近，从而证明了该有限元模型的可靠性。

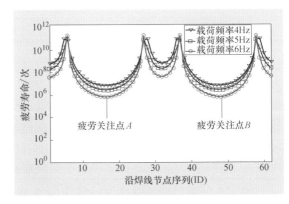

图 11-5 疲劳载荷频率对结构疲劳寿命影响的对比

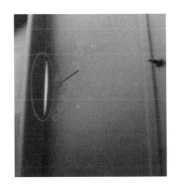

图 11-6 焊缝疲劳开裂的位置

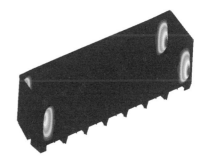

图 11-7 侧墙焊缝开裂处局部模态计算结果

采用本章模态结构应力技术预测了该焊缝焊趾处的疲劳寿命，预测时选取向下两个标准差的主 S-N 曲线数据。图 11-8 给出了该焊缝的疲劳寿命预测结果，结果表明疲劳寿命最低位置与实际位置吻合，焊缝疲劳失效时间也与实际运用时间吻合。根据上述分析对该车局部结构进行了调整，调整以后避开了该频率范围，并使问题得到了彻底解决。

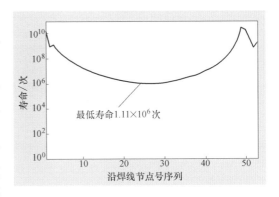

图 11-8 疲劳开裂焊缝寿命预测结果

11.2 频域结构应力的定义与应用

工程中类似于轨道车辆这样的结构系统可以被视为线性结构动力学系统，在这个线性系统中，输入的信息可以是各种随机激励，例如因轨道随机不平顺而导致的来自轨道的随机激励，或者因车轮踏面磨耗而导致的来自车轮的随机激励，因此系统的输出响应也是随机的，例如转向架的焊接构架上每条焊缝焊趾、焊根上的应力响应也将是随机的。由于频域分析是随机振动分析的一个重要数学手段，因此将结构应力也在频域上定义，就可以将像轨道车辆那样的结构的随机振动与预测焊接结构疲劳寿命的结构应力法直接集成，这种集成方法的好处在于：基于实测或仿真计算获得某些响应谱，例如具有全局属性的加速度谱，这样就可以在结构系统层面上直接进行疲劳寿命的概率预测。

11.2.1 随机振动基础知识

关于随机振动基础知识的文献很多[4-6]，这里先从最简单的单自由度结构系统的随机振动谈起。单自由度随机振动问题虽然形式简单，但是其内涵与求解思路很容易推广到多自由度结构的随机振动问题中。单自由度时域上的振动微分方程为

$$m\ddot{x}(t)+c\dot{x}(t)+kx(t)=f(t) \tag{11-17}$$

式中，m 为给定系统本身的质量；k 为刚度；c 为阻尼。

如果右端的力输入 $f(t)$ 为随机变量，则位移输出 $x(t)$ 也将是随机变量。

随机变量是不确定变量，因而不能用确定函数表示，但是它们可以用统计量表示，例如均值、均方值、概率分布函数、概率密度函数等，其中概率密度函数可以用来估计随机振动导致的疲劳寿命。

对式（11-17）两端进行傅氏变换后得

$$-\omega^2 mX(\omega)+jwcX(\omega)+kX(\omega)=F(\omega) \tag{11-18}$$

整理式（11-18）得

$$H(\omega)=\frac{X(\omega)}{F(\omega)}=\frac{1}{k-\omega^2 m+j\omega c} \tag{11-19}$$

式（11-19）即是系统的频率响应函数 $H(\omega)$，它是输出 $X(\omega)$ 傅氏变换与输入 $F(\omega)$ 傅氏变换之比。式（11-19）中频率响应函数的概念十分重要，因为它反映了结构的固有频率响应特性，在给定结构系统本身的质量 m、刚度 k、阻尼 c 的情况下，输入与输出之间的关系仅由输入的频率成分确定。

在多自由度的情况下，频率响应函数 $H_{ij}(\omega)$ 的表达形式与单自由度的相同，见式（11-20），只是式中的 $\boldsymbol{K}$、$\boldsymbol{M}$、$\boldsymbol{C}$ 分别是结构系统的质量矩阵、刚度矩阵、阻尼矩阵。通过广义特征值分析，或者称模态分析得 n 个特征值以及对应的 n 个特征向量（ϕ_1，ϕ_2，$\cdots$，ϕ_n），它关于质量阵 M，刚度阵 K 正交，利用它可做模态分

解，模态分解后可获得解耦的模态坐标下方程，利用每一阶模态坐标下的频率函数进行叠加获得系统总的频响函数

$$H_{ij}(\omega) = \sum_{r=1}^{n} \frac{\phi_{ir}\phi_{jr}}{k_r - m_r\omega^2 + \mathrm{j}c_r\omega} \tag{11-20}$$

式中，n 为系统的模态数；ϕ_{ir}、ϕ_{jr} 分别为第 r 阶模态第 i、j 个自由度的矢量值；k_r、m_r、c_r 分别为第 r 阶模态自由度下的刚度、质量、阻尼参数。

假如系统的频率响应函数已知，还可以证明其输入与输出的统计均值存在以下关系

$$\mu_{xi}(t) = \mu_{fj}(t)\boldsymbol{H}_{ij}(0) \tag{11-21}$$

在任意第 j 个自由度施加随机激励力 $f_j(t)$，得到第 i 个自由度上的响应为 $x_i(t)$，即输出的均值 $\mu_{xi}(t)$ 等于输入的均值 $\mu_{fj}(t)$ 乘以频率响应函数在 0 点的值 $\boldsymbol{H}_{ij}(0)$，类似还可以证明输入与输出的谱密度函数之间存在以下关系

$$S_x(\omega) = |\boldsymbol{H}_{ij}(\omega)|^2 S_F(\omega) \tag{11-22}$$

式（11-22）很重要，因为一旦构建了频率响应函数，那么就可以从已知的输入谱密度函数求解输出的谱密度函数（正问题），或者可以从已知的输出谱密度函数求解输入的谱密度函数（反问题）。

除了频率响应函数这个概念之外，脉冲响应函数 $h(t)$（impulse response function）的概念也十分重要。

在本章前面讨论振型叠加法时曾经提到复杂振动可以分解为一系列单自由度振动的叠加，在求解单自由度任意激励的响应时需要用杜哈梅（Duhamel）积分，杜哈梅积分就是利用了脉冲函数的特点将一个任意激励分解为一系列单位脉冲激励的叠加。

对于正态分布的线性系统的平稳随机过程，还有以下关系

$$x(t) = \int_0^t h(t-\tau)f(\tau)\mathrm{d}\tau \tag{11-23}$$

式（11-23）表明响应的随机变量 $x(t)$ 可以看成是无数个 $f(\tau)$ 的加权叠加。

对于更多自由度的随机振动响应，与上面讨论的求解思路是一样的，不过需要考虑多自由度的频率响应函数。

鉴于频率响应函数的重要性，下面用文献［3］中的一个简单问题给出频率响应函数的计算过程。

一个极为简单的行驶在不规则路面上的车辆结构的动力学模型可以简化为两自由度的振动系统，如图 11-9 所示。与第一个自由度相关的结构参数是质量 m_1、阻尼 c_1、刚度 k_1；与第二个自由度相关的结构参数是质量 m_2、阻尼 c_2、刚度 k_2。

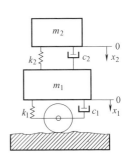

图 11-9　两自由度的振动系统

路面垂向几何不平顺 u 导致的垂向加速度的功率谱已知，首先对每个自由度建立振动微分方程

$$\begin{cases} m_1\ddot{x}_1 = -k_1(x_1-u)-c_1(\dot{x}-\dot{u})+k_2(x_2-x_1)+c_2(\dot{x}_2-\dot{x}_1) \\ m_2\ddot{x}_2 = -k_2(x_2-x_1)-c_2(\dot{x}_2-\dot{x}_1) \end{cases} \tag{11-24}$$

设相对位移

$$y_1=x_1-u \qquad y_2=x_2-x_1 \tag{11-25}$$

从而得到关于相对位移的微分方程

$$\ddot{y}_1+2\zeta_1\omega_1\dot{y}_1+\omega_1^2 y_1-2\zeta_2\omega_2\mu\dot{y}_2-\omega_2^2\mu y_2=-\ddot{u}$$
$$\ddot{y}_2+2\zeta_2\omega_2\dot{y}_2+\omega_2^2 y_2+\ddot{y}_1=-\ddot{u} \tag{11-26}$$

式中

$$\begin{cases} \omega_1=\sqrt{k_1/m_1}, \quad \omega_2=\sqrt{k_2/m_2} \\ \zeta_1=c_1/2\sqrt{m_1 k_1}, \quad \zeta_2=c_2/2\sqrt{m_2 k_2} \\ \mu=m_2/m_1 \end{cases} \tag{11-27}$$

对上述方程进行傅氏变换得

$$\begin{cases} -\omega^2 Y_1+j2\zeta_1\omega_1\omega Y_1+\omega_1^2 Y_1-2\zeta_2\omega_2\omega\mu Y_2-\omega_2^2 Y_2=U_{\ddot{u}} \\ -\omega^2 Y_2+j2\zeta_2\omega_2\omega Y_2+\omega_2^2 Y_2-\omega^2 Y_1=U_{\ddot{u}} \end{cases} \tag{11-28}$$

于是得到频率响应函数：

$$\begin{cases} H_{y_1\ddot{u}}(\omega)=\dfrac{Y_1(\omega)}{U_{\ddot{u}}(\omega)}=\dfrac{1}{\Delta}\left[\omega^2-(1+\mu)\omega_2^2-j\omega(1+\mu)2\zeta_2\omega_2\right] \\ H_{y_2\ddot{u}}(\omega)=\dfrac{Y_2(\omega)}{U_{\ddot{u}}(\omega)}=\dfrac{1}{\Delta}\left[-\omega_1^2-2j\omega\zeta_1\omega_1\right] \end{cases} \tag{11-29}$$

式中

$$\Delta=\omega^4-j\omega^3\left[2\zeta_1\omega_1-2(1+\mu)\zeta_2\omega_2\right]-\omega^2\left[\omega_1^2+(1+\mu)\omega_2^2+\right. \tag{11-30}$$
$$\left. 4\zeta_1\zeta_2\omega_1\omega_2\right]+j\omega(2\zeta_1\omega_1\omega_2^2+2\zeta_2\omega_2\omega_1^2)+\omega_1^2\omega_2^2$$

由于绝对加速度

$$\ddot{x}_1=\ddot{y}_1+\ddot{u} \qquad \ddot{x}_2=\ddot{y}_2+\ddot{x}_1 \tag{11-31}$$

所以有

$$\begin{cases} H_{\ddot{x}_1\ddot{u}}(\omega)=\dfrac{-\omega^2 Y_1+U_{\ddot{u}}}{U_{\ddot{u}}}=-\omega^2 H_{y_1\ddot{u}}(\omega)+1 \\ H_{\ddot{x}_2\ddot{u}}(\omega)=\dfrac{-\omega^2 Y_2+X_1}{U_{\ddot{u}}}=-\omega^2 H_{y_2\ddot{u}}(\omega)+H_{\ddot{x}_1\ddot{u}}(\omega) \end{cases} \tag{11-32}$$

将式（11-29）代入式（11-32）后，得到该问题的两个频率响应函数

$$\begin{cases} H_{\ddot{x}_1\ddot{u}}(\omega) = \dfrac{1}{\Delta}\big[-j\omega^3 2\zeta_1\omega_1 - \omega^2(\omega_1^2 - 4\zeta_1\zeta_2\omega_1\omega_2) + \\ \qquad\qquad j\omega(2\zeta_1\omega_1\omega_1^2 + 2\zeta_2\omega_2\omega_1^2) + \omega_1^2\omega_2^2 \big] \\ H_{\ddot{x}_2\ddot{u}}(\omega) = \dfrac{1}{\Delta}\big[-\omega^2 4\zeta_1\zeta_2\omega_1\omega_2 + j\omega(2\zeta_1\omega_1\omega_2^2 + \\ \qquad\qquad 2\zeta_2\omega_2\omega_1^2) + \omega_1^2\omega_2^2 \big] \end{cases} \tag{11-33}$$

可以证明，线性系统在多输入与多输出的情况下，输出的谱密度函数与输入的谱密度函数之间的关系，也有类似于单输入与单输出的通用频率响应函数的变换关系，不过在描述时也需要用矩阵形式。

11.2.2　频域结构应力的推导及疲劳评估

1. 计算频域节点力

首先，位移频率响应函数 $H(\omega)$ 取决于结构的固定参数如质量、刚度、阻尼等，而与外载荷无关，是结构系统的固有特性。求解有限元模型之后得到的是一系列的随频率变化的节点位移向量组。但是频域与时域计算不同，因为频域位移频率响应函数是复数形式，因此频域结构应力需要将实部与虚部分开讨论。

以下推导的关于频域结构应力是关于实部的，由于虚部的推导方式与实部类似，不再重复介绍。

类似时域的方法，先通过坐标变换获得全局坐标下的单元刚度矩阵。

$$\boldsymbol{K} = \boldsymbol{B}^{\mathrm{T}} \boldsymbol{K}^{\mathrm{e}} \boldsymbol{B} \tag{11-34}$$

$$\boldsymbol{F}_{\mathrm{a}}^{\mathrm{e}}(\omega) = \boldsymbol{K} \boldsymbol{H}_{\mathrm{a}}(\omega) \tag{11-35}$$

$$\{\boldsymbol{F}_{\mathrm{a}}(\omega)\} = \boldsymbol{N}\big\{ F_{\mathrm{a}}^1(\omega), F_{\mathrm{a}}^2(\omega), \cdots, F_{\mathrm{a}}^n(\omega) \big\} \tag{11-36}$$

式中，ω 为频率；$\boldsymbol{H}_{\mathrm{a}}(\omega)$ 为复频响应 $\boldsymbol{H}(\omega)$ 中与单元 e 对应的位移向量的实部；$\{\boldsymbol{F}_{\mathrm{a}}(\omega)\}$ 为节点力向量的复频响应实部；其余符号同前。

2. 节点力坐标变换

类似时域的做法，系统坐标系下的焊线节点力、力矩矩阵也需要通过坐标变换将它们变换到基于焊线的坐标系中。

$$\{\boldsymbol{f}_{\mathrm{a}}'(\omega), \boldsymbol{m}_{\mathrm{a}}'(\omega)\} = \boldsymbol{T}\{\boldsymbol{F}_{\mathrm{a}}(\omega)\} \tag{11-37}$$

3. 计算等效线力和线力矩

还是按照时域的做法计算等效线力和线力矩：

$$\{\boldsymbol{f}_{\mathrm{a}}(\omega)\}^{\mathrm{T}} = \{\boldsymbol{f}_{\mathrm{a}}'(\omega)\}^{\mathrm{T}} \boldsymbol{L}^{-1} \qquad \{\boldsymbol{m}_{\mathrm{a}}(\omega)\}^{\mathrm{T}} = \{\boldsymbol{m}_{\mathrm{a}}'(\omega)\}^{\mathrm{T}} \boldsymbol{L}^{-1} \tag{11-38}$$

4. 计算结构应力频率响应函数

因为已经获得了焊线各节点线载荷及线力矩，使用结构应力计算公式可以获得焊线各节点结构应力的频率响应函数的实部。

$$\boldsymbol{H}_{\sigma}^{\mathrm{a}}(\omega) = \boldsymbol{\sigma}_{\mathrm{m}}(\omega) + \boldsymbol{\sigma}_{\mathrm{b}}(\omega) = \frac{\boldsymbol{f}_{\mathrm{a}}(\omega)}{t} + \frac{6\boldsymbol{m}_{\mathrm{a}}(\omega)}{t^2} \tag{11-39}$$

157

式中，t 为板厚。

将前面获得的等效线力和线力矩代入式（11-39），从而可获得结构应力的频率响应函数的实部。

$$H_\sigma^a(\omega) = TNB^T K^e BL^{-1} AH_a(\omega) \qquad (11\text{-}40)$$

同理，可以获得结构应力的频率响应函数的虚部。

$$H_\sigma^b(\omega) = TNB^T K^e BL^{-1} AH_b(\omega) \qquad (11\text{-}41)$$

最后可以获得离散的频域结构应力的复频响应函数。

$$H_\sigma(\omega) = H_\sigma^a(\omega) + jH_\sigma^b(\omega) \qquad (11\text{-}42)$$

频域下的结构应力与特定频率下的载荷之间存在线性传递关系，可以利用随机振动相关的理论计算随机载荷作用下焊缝处的结构应力响应。由于最终利用主 S-N 曲线进行焊缝寿命预测的是等效结构应力参数，因此需要获得等效结构应力的频率响应函数及其在随机载荷作用下的振动响应才能用于疲劳寿命预测。

5. 等效结构应力频率响应函数

根据 ASME 标准中提供的等效结构应力计算公式，可获得频域下的焊线上各节点等效结构应力的频率响应函数。

$$H_S(\omega) = \frac{H_\sigma(\omega)}{t^{(2-m)/2m} I\left[r(\omega)\right]^{1/m}} \qquad (11\text{-}43)$$

式中，$I[r(\omega)]$ 为频域下弯曲比的无量纲函数。

前面已经证明了频域下结构应力与频域载荷之间存在线性传递关系，因此频域下弯曲比与频域载荷之间也存在线性传递关系。在频率为某一确定值时，频域弯曲比等都是常数，所以在给定的频率下弯曲比不变，这样一来，频域等效结构应力与结构应力的力学机制一样，与频域载荷之间也存在线性传递关系，而 $H_S(\omega)$ 则定义为等效结构应力的频率响应函数。

6. 等效结构应力频率响应功率谱

根据随机振动理论，线性振动系统的响应可以利用单位载荷的频率响应函数与实际作用在结构上的载荷功率谱的乘积来获得，在多通道载荷的情况下，由于相位差的存在，需要考虑载荷之间的互功率谱。

基于载荷的自功率谱 $S_{ii}(\omega)$、载荷之间的互功率谱 $S_{ij}(\omega)$ 以及前面已经获得的等效结构应力频率响应函数，就可以获得焊线上每个节点的等效结构应力响应功率谱。

$$\text{PSD}_S(\omega) = \sum_{i,j=1}^{i,j=n} H_S^i(\omega_i) H_S^j(\omega)^* S_{ij}(\omega) \qquad (11\text{-}44)$$

式中，$H_S^i(\omega)$ 为第 i 个载荷通道对应的等效结构应力频率响应函数。

7. 疲劳损伤统计

等效结构应力变化范围是主 S-N 曲线公式中的一个参量，而 Dirlik 法可以对某个随机物理量的功率谱进行统计而获得该物理量的概率密度函数[3,4]，因此基于

Dirlik 法对等效结构应力功率谱进行统计，就可以获得以单位时间度量的不同等级的应力变化范围的发生次数。

根据 Miner 疲劳损伤累积原理可以计算出单位时间内焊线上某一点的疲劳损伤值。

$$E[D] = \sum_i \frac{n_i(S)}{N(S_i)} = \frac{S_t}{C_d^{1/h}} \int_0^\infty S^{1/h} P_D(S)\,\mathrm{d}S \qquad (11\text{-}45)$$

因为式（11-45）计算得到的是单位时间的疲劳损伤累积值，那么在给定的服役时间内，就可以推算出焊线上该点的总损伤值。假如一年的损伤值是 0.04，如果规定的总损伤值为 1，那么寿命就是 25 年。如果需要，该值还可以很容易地换算为服役里程数，按照这个流程，就可以统计出某条焊线（实际焊缝的焊趾）上所有点的疲劳损伤或寿命分布。以轨道车辆的随机振动为例，上述步骤归纳之后可以用框图的形式给出每个步骤的入口与出口。图11-10为基于频域结构应力的疲劳寿命预测流程。

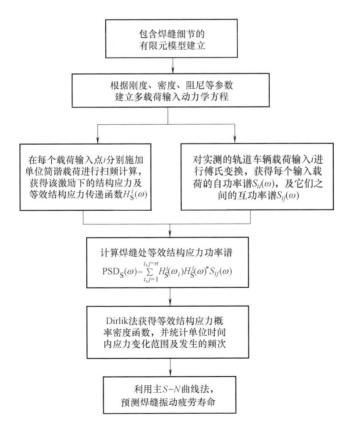

图 11-10　基于频域结构应力的疲劳寿命预测流程

11.2.3　频域结构应力计算实例

仍然取图 11-4 所示的结构为频域结构应力法考察对象，疲劳载荷是图 11-11 所示的随机载荷。通过傅里叶变换可获得载荷功率谱。根据图 11-12 可以看出 A 点的等效结构应力功率谱响应在 7.4Hz 处出现峰值，这说明随机载荷激起了结构的一阶模态振动。

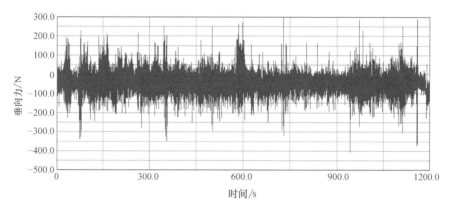

图 11-11　随机载荷时间历程

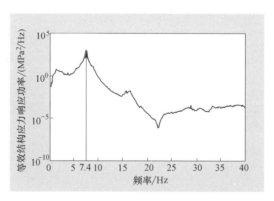

图 11-12　A 点的等效结构应力响应功率谱

从图 11-13 可以看出 A 和 B 两点疲劳寿命最短，这表明频域结构应力法能够直接考虑随机载荷对疲劳寿命的影响。

下面给出频域结构应力法的实际工程应用案例。在恶劣线路上服役不久的某铁路集装箱平车的焊接结构上，一个并没有载荷直接作用的辅助梁焊缝发生了疲劳开裂，如图 11-14 所示。在实际运营的线路上对该车进行振动加速度实测，测试数据表明该车车体结构振动现象严重。

首先，创建含焊缝结构的有限元模型。图 11-15 是疲劳开裂处的局部模型

及焊线定义。加速度谱中最
重要的是车体前后心盘处的
横向与垂向加速度谱,因为它
们是随机振动计算的输入条
件。图 11-16 和图 11-17 给出
的是实测的垂向加速度谱,利
用傅里叶变换将这些数据转换
到频域。图 11-18 和图 11-19
给出的是垂向功率谱,通过前
后心盘处加速度频域分析,可

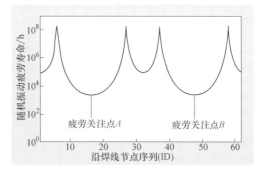

图 11-13 随机载荷作用下环形角焊缝疲劳寿命预测

得出车体所受载荷的频域能量分布。为了考虑车体前后心盘横向和垂向加速度载荷
之间的耦合作用,需要得到对应的互功率谱。图 11-20 所示为实测得到的互功率
谱,包含载荷间的相位信息。图 11-21 和图 11-22 分别给出了计算结果与实测结果
的对比,图 11-23 给出了疲劳失效位置的等效结构应力响应的功率谱。

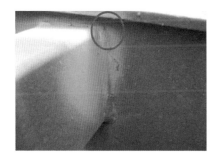

图 11-14 辅助梁焊缝疲劳开裂照片

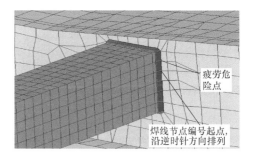

图 11-15 焊缝疲劳开裂处的局部模型及焊线定义

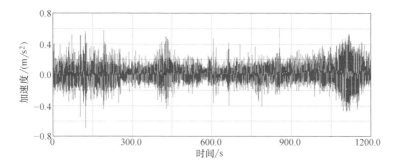

图 11-16 前心盘处垂向加速度时间历程

预测结果显示疲劳寿命最低位置在边梁的上表面焊接处,且该边梁的下表面也
是疲劳薄弱部位,这与实际发生开裂位置一致,焊缝疲劳寿命也基本吻合,根据计
算结果进行了结构局部改进,这个问题因而得到了解决。

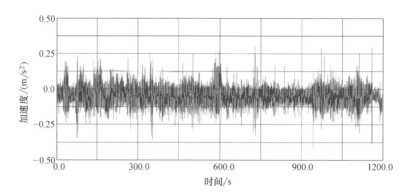

图 11-17　后心盘处垂向加速度时间历程

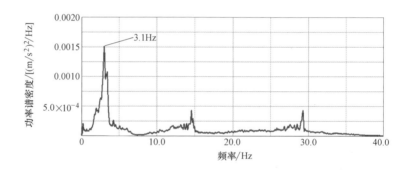

图 11-18　前心盘处垂向加速度功率谱密度

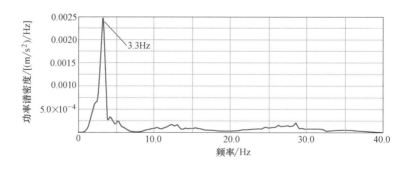

图 11-19　后心盘处垂向加速度功率谱密度

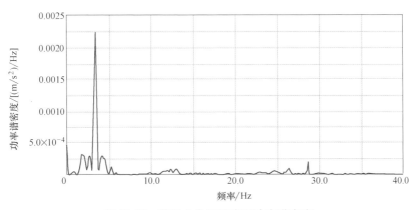

图 11-20　前后心盘加速度互功率谱密度

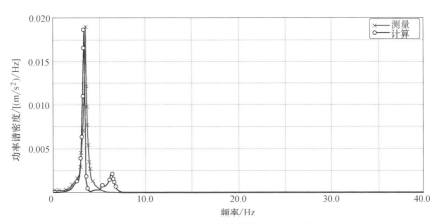

图 11-21　垂向加速度响应计算结果与实测结果对比

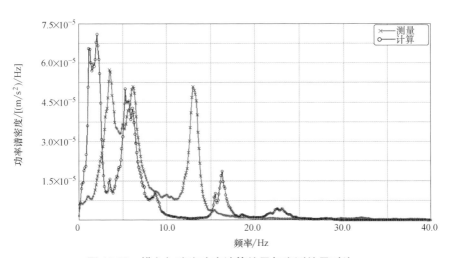

图 11-22　横向加速度响应计算结果与实测结果对比

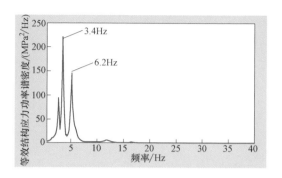

图 11-23　疲劳失效位置的等效结构应力响应功率谱

11.3　本章小结

考虑到像轨道车辆之类焊接结构的振动特征，将结构应力的力学特征与模态叠加法的力学特征集成，提出了一个新的力学概念——模态结构应力。在频带很宽的激扰下，如果结构中某一个频率成分被激起，那么模态结构应力将直接导致寿命显著降低。

与此类似，将结构应力的力学特征与随机振动的力学特征集成，又提出了另外一个新的力学概念：频域结构应力。如果结构系统获得了实测的加速度谱，那么该谱就可以直接用来评估疲劳损伤或寿命。如果实测的加速度谱可以揭示焊接结构的系统振动，那么利用频域结构应力法就可以进行结构系统层面上的疲劳评估。

另外，本章分别给出了获得模态结构应力与频域结构应力的具体步骤，从这些步骤中可以看出，模态结构应力与频域结构应力与第7章定义的结构应力仅有形式上的区别，而没有本质上的区别。更多细节可以参阅文献 [7] 与 [8]。

如果将第8章基于雨流计数的疲劳损伤或寿命计算过程称为间接过程，那么基于模态结构应力、频域结构应力的疲劳损伤或寿命的计算过程，可以称为直接过程，两个工程实际案例也表明了这两个方法的特点。

最后需要指出：工程上加速度谱实测技术门槛并不很高，如果测点布置合适，频域结构应力法可以服务于焊接结构健康监测中的疲劳寿命评估。

参 考 文 献

[1]　海伦，等. 模态分析理论与试验 [M]. 白化同，等译. 北京：北京理工大学出版社，2001.
[2]　林家浩，张亚辉. 结构动力学基础 [M]. 大连：大连理工大学出版社，1998.
[3]　邹经湘. 结构动力学 [M]. 哈尔滨：哈尔滨工业大学出版社，1996.
[4]　克拉夫. 结构动力学 [M]. 王光远，译. 哈尔滨：哈尔滨工业大学出版社，2002.
[5]　庄表中，王行新. 随机振动概论 [M]. 北京：地震出版社，1982.

［6］　BENDAT S, PIERSOL A G. Measurement and analysis of random data ［J］. JohnWiley, 1968, 10 （4）: 869-871.

［7］　方吉, 兆文忠, 朴明伟. 基于模态叠加法的焊接结构疲劳寿命预测方法研究 ［J］. 振动与冲击, 2015, 35 （5）: 187-192.

［8］　方吉, 李季涛, 王悦东. 基于随机振动理论的焊接结构疲劳寿命概率预测方法研究 ［J］. 工程力学, 2016, 33 （3）: 24-30.

第 12 章

结构应力法的其他研究成果

伴随结构应力法的深入研究，取得了其他一些研究成果，其中包括：

1）等效初始裂纹替代法。当已知初始裂纹或将某些焊接缺陷等效为初始裂纹时，该方法可以评估剩余寿命。

2）评估多轴疲劳的载荷路径力矩法（moment of load path，MLP）。该方法通过定义一个有效的疲劳损伤参数，结合路径依赖的最大范围（path-dependent maximum range，PDMR）多轴疲劳的计数方法，实现了复杂的多轴疲劳寿命评估。

3）低周疲劳的结构应变法。基于力学中的基本假设，实现了基于结构应变的低周疲劳评估。

4）统一的等效结构应变法。定义了等效结构应变公式，从而实现了焊接结构不同种类材料的单轴疲劳、多轴疲劳、低周疲劳、高周疲劳评估方法的统一。

12.1 剩余寿命评估及等效初始裂纹替代法

如前所述，焊接接头疲劳破坏有两种模式：模式 A，从焊趾处开始开裂并穿透板厚；模式 B，从焊根处开始开裂并穿透焊缝。从疲劳的角度看，如果焊接接头上有明显的模式 A 或模式 B 的制造缺陷，那么这些缺陷对疲劳寿命究竟有多大的影响，这个问题其实就是工程上所谓的剩余寿命评估问题之一。

理论上焊接结构剩余寿命的评估可以使用断裂力学的知识，但是在结构应力法提出之前的具体操作难度很大，其原因正如前面引用 BS 7608-3：2007 标准所强调的那样，"如果使用断裂力学定义一个特殊的疲劳寿命，必须格外小心"[1]。这个担心归根结底是来自疲劳裂纹的多样性、复杂性，以及分析过程的不确定性而导致的缺口尺寸假设的不唯一性。

现在采用结构应力法可以免除这个担心，因为基于等效结构应力计算疲劳寿命的修正公式中已经考虑了初始裂纹对疲劳寿命的影响，见式（12-1）、式（12-2）。因此如果能将缺陷用初始裂纹定义，那么具有缺陷的结构的剩余寿命就可以被计算出来。

$$N = \int_{a_i/t \to 0}^{a/t = 1} \frac{t\,\mathrm{d}(a/t)}{C\,(M_{kn})^n\,(\Delta K)^m} = \frac{1}{C} t^{1-\frac{m}{2}}\,(\Delta \sigma_s)^{-m} I(r) \qquad (12\text{-}1)$$

$$I(r) = \int_{a_i/t \to 0}^{a/t = 1} \frac{\mathrm{d}(a/t)}{(M_{kn})^n \left[f_m\left(\dfrac{a}{t}\right) - r\left(f_m\left(\dfrac{a}{t}\right) - f_b\left(\dfrac{a}{t}\right)\right) \right]^m} \qquad (12\text{-}2)$$

等效结构应力法中关于无量纲积分 $I(r)^{1/m}$ 的计算也分两种情况：一是在载荷控制条件下得到，二是在位移控制条件下得到。工程上大量的疲劳测试使用的是载荷控制，并且在载荷控制下得到的积分 $I(r)^{1/m}$ 也是谨慎和保守的，因此建议使用载荷控制的式（12-3）。

$I(r)^{1/m}$ 中的被积分项无法直接积分，但是可采用数值方法获得[2]，拟合以后的非线性方程为

$$I(r)^{1/m} = \frac{1.229 - 0.365r + 0.789\left(\dfrac{a}{t}\right) - 0.17r^2 + 13.771\left(\dfrac{a}{t}\right)^2 + 1.243r\left(\dfrac{a}{t}\right)}{1 - 0.302r + 7.115\left(\dfrac{a}{t}\right) - 0.178r^2 + 12.903\left(\dfrac{a}{t}\right)^2 - 4.091r\left(\dfrac{a}{t}\right)}$$

$$r = \frac{|\Delta \sigma_b|}{|\Delta \sigma_s|} = \frac{|\Delta \sigma_b|}{|\Delta \sigma_m| + |\Delta \sigma_b|} \qquad (12\text{-}3)$$

式中，a 为初始裂纹深度。

假如没有缺陷或缺陷可以忽略不计，该值默认为接近 0，积分区间上限为板厚，即裂纹一直增长到穿透板的厚度。

取不同的 a/t 值相当于考虑了不同程度的焊接缺陷对疲劳寿命的不同影响，因此可以采用上述方法对含焊接缺陷的构件进行疲劳寿命评估，例如在焊趾的根部存在可以被定性为有削弱作用的缺陷，并且这些缺陷超过了所规定的界限，就要计算缺陷引起的疲劳寿命的缩减。

ASME（2015）标准中规定 $I(r)$ 公式中适用条件是 $a/t \le 0.1$[3]，这反映的是正常焊接质量，如果缺陷尺寸超过 $a/t \le 0.1$，$I(r)$ 公式可作为相对裂纹尺寸用于剩余疲劳寿命评估[4-6]，注意 ASME（2015）标准提供的初始裂纹尺寸最大值是 $a/t \le 0.2$，对于更大的裂纹尺寸，式（12-3）的 $I(r)$ 公式需要重新给定，相关讨论见文献［4］~［6］。

式（12-3）表明，在计算疲劳寿命时结构应力法具有考虑初始裂纹的能力，并且可以分两种情况研究：

第一种情况，如果焊缝焊趾或焊根的初始裂纹的数值可以用实际测量的方法得到，这样在寿命计算时将实际测量值以积分下限的形式直接代入上述公式即可，因而该种方法被称为"直接初始裂纹法"，焊缝的剩余寿命可以由式（12-1）直接计算。

第二种情况，如果是其他类型的疲劳缺陷，例如未焊透、未熔合、咬边、气

孔、夹渣等，它们也是影响疲劳破坏模式的焊接缺陷，但是又不能直接利用式（12-1）计算剩余寿命，这时假如可以用另外的方法将这些缺陷等效为初始裂纹，那么这些缺陷对疲劳寿命的影响及剩余寿命也可以量化计算，这就是"等效初始裂纹替代法"。

对于第一种情况，下面给出一个具体实例。某有咬边缺陷的焊接中梁结构如图 12-1 所示，图中给出了对接焊缝处咬边缺陷的位置及深度最大值约为 3mm。为了评估该初始缺陷对疲劳寿命的影响，基于上述主 S-N 曲线计算公式得到了剩余疲劳寿命，计算结果见表 12-1。

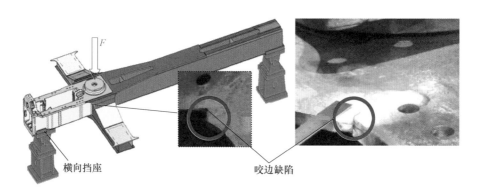

横向挡座　　　　　　　　　　咬边缺陷

图 12-1　有咬边缺陷的焊接中梁结构

表 12-1　初始缺陷对应力和寿命的影响

初始缺陷长度 a/mm	0	1	2	3
等效结构应力/MPa	169.1	211.3	248.8	278.2
循环次数/万次	85.9	42.8	25.7	18.1

计算结果表明，随着缺陷尺寸 a 的增加，等效结构应力值随之增大，该处的疲劳寿命随之减少。

为了验证上述剩余寿命结果，利用 1500kN 多通道电液伺服加载疲劳试验台对含上述缺陷的中梁进行了疲劳试验，如图 12-2 所示。

试验中加载频率为 2Hz，施加 45t 垂向脉动载荷，载荷比为 0.1。在加载约 1.7×10^5 次时，在含咬边缺陷的对接焊缝处产生了疲劳裂纹，裂纹已穿透板厚，扩展长度约 25mm。

可以假定有不同的初始裂纹尺寸，然后计算它们对疲劳寿命的影响。图 12-3 给出了这些计算结果，其中当初始裂纹为 3mm 时的疲劳寿命为 1.81×10^5 次，这一结果与疲劳试验结果很接近，这就证明了"直接初始裂纹法"的有效性。

对于第二种情况，即不能直接获得缺陷具体数值的情况下，推荐使用"等效初始裂纹替代法"。与第一种情况不同的是，该方法需要做一些简单的疲劳寿命测试，下面给出该方法的三个具体执行步骤：

（1）含缺陷样件的制作 制作一定数量的且含有某种质量缺陷的对接接头，缺陷类型可以分别是未焊透、未熔合、咬边、气孔、夹渣等。每一种缺陷对应制作一定数量的对接接头，制作时注意对接板的宽厚比应大于 10，以确保焊接残余应力被包括在试验数据里。

45t垂向脉动载荷，
加载频率2Hz

图 12-2 中梁在疲劳试验台上的疲劳试验

（2）疲劳试验 在疲劳试验机上对每个接头进行疲劳加载试验，直到焊缝失效开裂为止，同时记录加载次数，统计得到的平均加载次数，即可定义为有该类型质量缺陷接头的疲劳寿命 N。

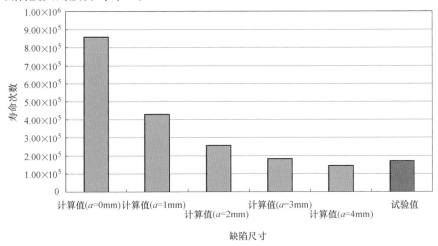

图 12-3 疲劳试验寿命与有不同初始裂纹的寿命预测结果的对比

（3）反求初始裂纹尺寸 在式（12-1）中利用已知的疲劳寿命 N 反求初始裂纹值 a。由于 N 与 a 之间存在隐式的非线性关系，因此这个过程是反求的试凑过程，一旦试凑结束，与 N 对应的 a 值，即可被认为是与该焊接缺陷有对应关系的等效初始裂纹。

"等效初始裂纹替代法"的提出，使得具有焊接缺陷的剩余疲劳寿命预测成为可能，但是在执行这种方法时，疲劳试验样本数量要足够充分，以确保等效结果的鲁棒性。

12.2 多轴疲劳问题的 MLP 法

12.2.1 多轴应力状态

多轴疲劳是相对于单轴疲劳的一个概念，单轴疲劳是指零件在单向循环载荷作用下产生的失效现象，这时零件只承受单向正应力（应变）或单向切应力（应变）。多轴疲劳是指零件在多向应力或应变作用下的疲劳，也称为复合疲劳。多轴疲劳损伤发生在多轴循环加载条件下，加载过程中有两个或三个应力（或应变）分量独立地随时间发生变化，这些应力（应变）分量的变化可以是同相位、按比例的，也可以是非同相位、非比例的。

工程结构受外部多轴加载方式等影响，使用过程中经常受到多轴循环应力。多轴应力经常发生在几何突变的地方，例如缺口或者焊接接头、几何约束处。弯曲和扭转时的轴向分量即是典型的多轴应力状态。图 12-4 所示为焊缝处穿过厚度方向的切面上所承受的三维结构应力分量的定义。

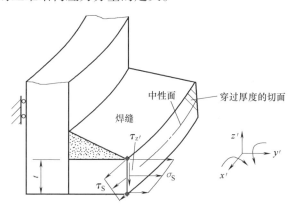

图 12-4　焊缝处三维结构应力分量的定义

与前所述结构应力的计算公式一致，三维结构应力分量的定义为

$$\sigma_\mathrm{S} = \sigma_\mathrm{m} + \sigma_\mathrm{b} = \frac{f_{y'}}{t} - \frac{6m_{x'}}{t^2}; \ \tau_\mathrm{S} = \tau_\mathrm{m} + \tau_\mathrm{b} = \frac{f_{x'}}{t} + \frac{6m_{y'}}{t^2}; \ \tau'_\mathrm{S} = \frac{f_{z'}}{t} \quad (12\text{-}4)$$

在比例加载时，应力分量随时间的推移成比例地变化，相应的主应力方向保持不变，由于各应力分量的波峰与波谷发生在同一时刻，因此用应力分量的变化范围来确定应力变化范围。如果不忽略面内剪切结构应力 τ_S，可以采用式（12-5）定义多轴结构应力变化范围 $\Delta\sigma_{e0}$，将法向结构应力变化范围 $\Delta\sigma_\mathrm{S}$ 与面内剪切结构应力范围 $\Delta\tau_\mathrm{S}$ 进行合并。同时像雨流计数这种传统的循环计数方法仍然可以跟踪加载的时间历程，但如果给定点的应力分量是独立变化或者随着时间的推移有明确的相位偏移角，则必须考虑非比例效应对疲劳损伤的影响。

$$\Delta\sigma_e = \sqrt{(\Delta\sigma_s)^2 + \beta(\Delta\tau_s)^2} \tag{12-5}$$

式中常数 β 为基于疲劳测试的法向应力和剪切应力之间疲劳强度的比值，$\beta = [\Delta\sigma_s(N)/\Delta\tau_s(N)]^2$。

因为在基于 S-N 曲线的双对数坐标中两组数据可能不是相互平行的，超过寿命范围的平均值也可以用来定义 β 值。通过一系列多轴条件下的疲劳试验数据分析，可以发现对于钢和铝合金焊接接头，β 值在 3~4 附近变化，试验数据表明 $\beta = 3$ 时，对于钢材是适合的，这也是用 VonMises（冯·米塞斯）形式定义的多轴结构应力范围的适当公式。

现已发现非比例载荷引起的疲劳损伤取决于载荷路径和材料，各种各样的试验研究表明，非比例加载路径的疲劳损伤对于工程应用更有实际意义，但如何评估多轴状态的疲劳损伤却是工程界的难题，为了处理多轴疲劳的复杂性，有两个关键性问题必须解决：一是如何制定一个有效的疲劳损伤参数，它能够同时考虑负载路径和材料的影响；二是如何对独立部件应力历程进行周期计数。通常情况下，在处理变幅多轴应力历程时，这两个问题是相互关联的，必须同时解决。

12.2.2　PDMR 方法

为了处理非比例变幅多轴疲劳下损伤参数和周期的定义，董平沙教授发明了一种基于路径依赖的循环计数方法，称为路径依赖的最大范围法（path-dependent maximum range，PDMR）[7]，即：对应 $(\sigma, \sqrt{\beta}\tau)$ 平面或 $(\varepsilon, \sqrt{\beta^\varepsilon}\gamma)$ 平面，在给定的多轴应力或应变的历程中，相继搜寻出最大的应力或应变范围，统计它们发生的半周期（指一次变化），并重复此过程循环计数，直到全部应力或应变的历程统计结束。

在单轴加载条件下，PDMR 方法与传统的雨流计数结果完全相同，ASTM 的实例结果可以进一步说明这一点，图 12-5a 是原始的时域波形，图 12-5b 是采用 PDMR 方法进行计数的过程，表 12-2 为计数结果。

表 12-2　单轴加载条件时 PDMR 方法计数结果

变化范围	循环次数	路径
9	1	D—G
7	1	H—C
4	1	E—F
3	1	A—B

类似于上面的单轴加载实例，下面以图 12-6 的简单实例说明多轴加载条件下 PDMR 方法的计数步骤。

172

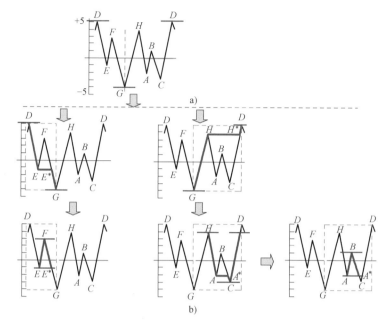

图 12-5　单轴加载条件时 PDMR 方法计数

1）在 $(\sigma_{\mathrm{s}},\sqrt{\beta}\tau_{\mathrm{s}})$ 平面上绘制 $\sigma_{\mathrm{s}}(t)$ 及 $\tau_{\mathrm{s}}(t)$ 的时间历史曲线，如图 12-6 所示。

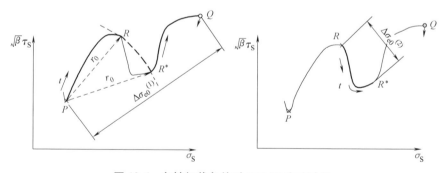

图 12-6　多轴加载条件时 PDMR 方法计数

2）提取在 $(\sigma_{\mathrm{s}},\sqrt{\beta}\tau_{\mathrm{s}})$ 平面上任意两点之间的最大多轴结构应力变化范围 $\Delta\sigma_{\mathrm{e0}}^{(1)}$，如图 12-6 上的 P 到 Q。

3）随时间轴沿载荷路径从第一点 P 到第二点 Q 将产生一个虚拟路径（R—R^*），这个虚拟路径并没有减小任何时刻从点 P 开始的瞬时净距离。R 被称为转向点，R^* 被称为设计转向点。

4）记录有效的多轴结构应力变化范围 $\Delta\sigma_{\mathrm{e0}}^{(1)}$、点 P 和点 Q 之间的距离。路径

长度 $L^{(1)}$ 由 P—R—R^*—Q 构成，$L^{(1)}=\widetilde{PQ}=\widetilde{PR}+\widehat{RR^*}+\widetilde{R^*Q}$，其中 $\widehat{RR^*}$ 为虚拟路径，其余为真实路径。虚拟路径 $\widehat{RR^*}$ 可以按 R 到 R^* 之间的距离来评估。

5）重复步骤 2）~4），确定下一个最大多轴结构应力变化范围 $\Delta\sigma_{e0}^{(2)}$。当删除已经被计算的路径以后，$\Delta\sigma_{e0}^{(2)}$ 就成为点 R 到 R^* 的距离，从 R 到 R^* 的路径长度 $L^{(2)}$ 就是 R 到 R^* 的曲线长度：$L^{(2)}=\widetilde{RR^*}$。重复进行，直到所有的路径都被计数。多轴加载条件时 PDMR 方法计数结果见表 12-3。

表 12-3　多轴加载条件时 PDMR 方法计数结果

循环计数	参考多轴应力变化范围 $\Delta\sigma_{e0}^{(i)}$	实际多轴应力变化路径范围 $\Delta\sigma_{e0}^{(i)}$
0.5	P—$Q(\Delta\sigma_{e0}^{(1)})$	$L^{(1)}=\widetilde{PQ}=\widetilde{PR}+\widehat{RR^*}+\widetilde{R^*Q}(\Delta\sigma_{e0}^{(1)})$
0.5	R—$R^*(\Delta\sigma_{e0}^{(2)})$	$L^{(2)}=\widetilde{RR^*}(\Delta\sigma_{e0}^{(2)})$

综上所述，对于任意多轴非比例加载路径，PDMR 法提出两个重要参数，即：每个半周期计数的最大多轴应力变化范围和由此产生的路径长度，这两个参数的使用方法将在下面进行说明。

12.2.3　MLP 方法

结合 PDMR 循环计数方法和所产生的两个参数，董平沙教授又提出了一种新的载荷路径力矩（moment of load path，MLP）的概念，并以此参数计算疲劳损伤，新提出模型的物理意义可以被证明是与法向和剪切应力的累积应变能密度相关。这种新的损伤参数适用于应力平面 $(\sigma,\sqrt{\beta}\tau)$ 平面或应变平面 $(\varepsilon,\sqrt{\beta^\varepsilon}\gamma)$ 平面，可有效地关联大量的非比例多轴疲劳试验数据。

如图 12-7 中 $(\sigma,\sqrt{\beta}\tau)$ 坐标系所示，考虑从 A 到 B 的非比例路径，例如曲线 $\widehat{AB}$，图中显示的是考虑依赖路径最大范围周期计数过程的半个周期，假设对于任何非比例加载路径的多轴疲劳损伤可分解为两部分：

$$D=D_P+D_{NP} \qquad (12\text{-}6)$$

式中，D_P 为由比例加载（如图 12-7 中的从 A 到 B）引起的疲劳损伤；

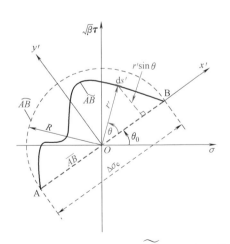

图 12-7　非比例加载曲线路径 $\widetilde{AB}$、非比例加载半圆形路径 $\widehat{AB}$、比例加载直线路径 $\overline{AB}$

D_{NP} 为非比例加载引起的疲劳损伤。

D_P 表示的是从 A 到 B 的直线距离，即多轴应力变化范围 $\Delta\sigma_e$ 引起的疲劳损伤，这是通过图 12-6 的 PDMR 方法得到的。D_{NP} 是由任意偏离 AB 直线段的曲线加载路径与远离比例加载路径的偏离程度的综合表达，沿着曲线 AB 的非比例加载路径的相关损伤可以定义为微分方程

$$dD_{NP} = r' \,|\sin\theta|\, ds' \tag{12-7}$$

图 12-7 的 $x'Oy'$ 局部坐标系中，微分 dD_{NP} 的数值不仅包含非比例加载路径 ds'，而且也包含比例加载路径的偏离程度 $r'|\sin\theta|$（ds' 到 AB 直线的距离）。非比例加载路径引起的疲劳总损伤 D_{NP} 是沿着曲线 $\widetilde{AB}$ 的积分（即沿载荷路径或 PDMR 法，由表 12-3 确定的路径）

$$D_{NP} = \int_{\widetilde{AB}} r' \,|\sin\theta|\, ds' \tag{12-8}$$

参考比例加载路径 $\overline{AB}$，及非比例半圆形加载路径 $\widehat{AB}$（最大可能的非比例疲劳损伤路径），沿着这两条线积分可得到比例与非比例加载路径引起的疲劳损伤的无量纲的比

$$g_{NP} = \frac{D_{NP}}{D_{Max}} = \frac{\displaystyle\int_{\widetilde{AB}} r' \,|\sin\theta|\, ds'}{\displaystyle\int_{\widehat{AB}} R \,|\sin\theta|\, ds'} = \frac{\displaystyle\int_{\widetilde{AB}} r' \,|\sin\theta|\, ds'}{2R^2} \tag{12-9}$$

式中，D_{Max} 为最大可能的非比例疲劳损伤，它是由图 12-7 中的虚线表示的半圆形加载路径引起的；g_{NP} 为非比例加载路径 D_{NP} 最大可能疲劳损伤的标准损伤因子，$g_{NP} = 0\sim1$，沿比例加载路径 $\overline{AB}$ 时为 0，沿半圆形加载路径 $\widehat{AB}$ 时为 1。

根据比例加载路径的多轴应力变化范围 $\Delta\sigma_e$ 和非比例的标准损伤因子 g_{NP}，非比例加载路径的多轴应力变化范围 $\Delta\sigma_{NP}$ 可写成

$$\Delta\sigma_{NP} = \Delta\sigma_e(1 + \alpha g_{NP}) \tag{12-10}$$

式中的 α 是依赖于材料的非比例敏感参数，试验表明一些材料对非比例多轴载荷更加敏感，该参数可以通过比例加载及非比例加载试验获得，在相同的加载参考次数 N_{Ref} 下，

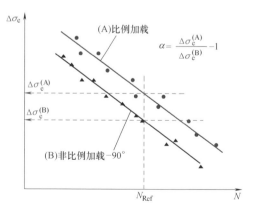

图 12-8　通过试验数据计算
材料的非比例敏感参数 α

对应比例多轴应力变化范围 $\Delta\sigma_e^{(A)}$ 和非比例多轴应力变化范围 $\Delta\sigma_e^{(B)}$（图 12-8），根据式（12-10）得

$$\alpha = \frac{\Delta\sigma_e^{(A)}}{\Delta\sigma_e^{(B)}} - 1 \tag{12-11}$$

式（12-10）也可以根据应变空间（ε，$\sqrt{\beta^\varepsilon}\gamma$）平面来改写，$\sqrt{\beta^\varepsilon}$ 是由纯循环拉伸应变和纯剪切应变疲劳试验得到的等效参数，其计算方法与应力空间的方法相同

$$\Delta\varepsilon_{NP} = \Delta\varepsilon_e(1 + \alpha^\varepsilon g_{NP}^\varepsilon) \tag{12-12}$$

12.2.4　MLP 方法的物理解释

为简单起见，考虑图 12-7 中所示的（ε，$\sqrt{\beta^\varepsilon}\tau$）平面上的非比例载荷路径 $\overset{\frown}{AB}$，认为它的起点位于比例加载路径 $\overline{AB}$ 的中点，即假设任何平均应力的影响均可忽略不计。对于图中局部坐标系 $x'Oy'$，非比例性疲劳损伤 D_{NP} 可以表示为

$$D_{NP} = \int_{\overset{\frown}{AB}} |y'| \, ds' = \int_{\overset{\frown}{AB}} |y'| \sqrt{(dx')^2 + (dy')^2} \tag{12-13}$$

注意局部坐标可以用整体坐标来表示

$$x' = x\cos\theta_0 + y\sin\theta_0 \, ; \, y' = -x\sin\theta_0 + y\cos\theta_0 \tag{12-14}$$

也可以表示为

$$\sqrt{(dx')^2 + (dy')^2} = \sqrt{(dx)^2 + (dy)^2} \tag{12-15}$$

此时，非比例加载导致的损伤在整体坐标系下可表示为

$$D_{NP} = \int_{\overset{\frown}{AB}} |-x\sin(\theta_0) + y\cos(\theta_0)| \sqrt{dx^2 + dy^2} \tag{12-16}$$

通过用 σ 替换 x、由 $\sqrt{\beta}\tau$ 替换 y，而 $d\sigma = Ed\varepsilon$、$d\tau = Gd\gamma$，方程 $G = E/[2(1+u)]$ 将 E（杨氏模量）、G（剪切模量）和 u（泊松比）联系起来后，非比例损伤 D_{NP} 可以表示为

$$D_{NP} = E \int_{\overset{\frown}{AB}} |p(\sigma,\tau)\sigma d\varepsilon + q(\sigma,\tau)\tau d\gamma| \tag{12-17}$$

$$p(\sigma,\tau) = -\sin(\theta_0)\sqrt{1 + \beta\left(\frac{d\tau}{d\sigma}\right)^2} \tag{12-18}$$

$$q(\sigma,\tau) = \frac{1}{2(1+\nu)}\beta\cos(\theta_0)\sqrt{1 + \frac{1}{\beta}\left(\frac{d\sigma}{d\tau}\right)^2} \tag{12-19}$$

从以上方程可以看出权重函数 $p(\sigma,\tau)$、$q(\sigma,\tau)$ 在方程中是无量纲的，根据方程中的被积函数通过正切和剪切函数对应变能量密度的大小所具有的贡献，每个函数依赖路径进行加权，即 $p(\sigma,\tau)$ 和 $q(\sigma,\tau)$ 分别通过一个给定的非比例加

载路径 $\widetilde{AB}$ 从 A 到 B。

由上所述，无量纲非比例因数 g_{NP} 可以表示为

$$g_{NP} = \frac{D_{NP}}{D_{Max}} = \frac{\int\limits_{\widetilde{AB}} |p(\sigma,\tau)\sigma d\varepsilon + q(\sigma,\tau)\tau d\gamma|}{\int\limits_{\widetilde{A'B'}} |p'(\sigma,\tau)\sigma d\varepsilon + q'(\sigma,\tau)\tau d\gamma|} \quad (12\text{-}20)$$

式中，$p'(\sigma,\tau)$ 和 $q'(\sigma,\tau)$ 是参照半圆形加载路径的无量纲函数。

由此可以看出，非比例因子 g_{NP} 可以被解释为实际加载路径与最大损伤参考路径之间的应变能量密度加权形式的比率。

对于比例加载情况下，当 $k = \sin\theta_0/\cos\theta_0$ 时，存在 $\widetilde{AB} = \overline{AB}$，$\sqrt{\beta}\tau = k\sigma$。方程中的所有关系都失效，且 $D_{NP} = 0$，$p(\sigma,\tau) = 0$，剪切应变能量密度消失。

$$D_{NP} = \int\limits_{\overline{AB}} 0 dx = 0 \quad (12\text{-}21)$$

然而如果考虑半圆形加载路径，方程变为

$$D_{NP} = G\int\limits_{\widetilde{AB}} \left(\sqrt{\left(\frac{d\sigma}{d\tau}\right)^2 + 1}\right) |\tau d\gamma| = G\int\limits_{\widetilde{AB}} \left(\frac{1}{|\cos\theta|}\right) |\tau d\gamma| = G\int\limits_{\widetilde{AB}} |R^2\sin\theta| d\theta$$

$$(12\text{-}22)$$

式（12-6）~式（12-22）的详细推导过程见文献［8］和［9］。

由此可以看出，方程中的 D_{NP} 此时依赖于由一个无量纲函数加权得到的剪切应变能量密度，而这个无量纲函数此时依赖于加载路径当前位置的增量 ds，并且 D_{NP} 在 $\theta = 90°$ 时取得最大值。

12.2.5 Sonsino 和 Kueppers 的试验

在相关多轴疲劳试验数据中，采用 MLP 法与 PDMR 法相结合，对试验结果得到了很好的验证，这里仅列举 Sonsino 和 Kueppers 报告中管板的角焊缝试验结果进行说明[8-14]。该实例的焊接接头材料为 StE460 钢，并作用四种正弦载荷，纯拉伸、纯扭转、复合成比例的拉伸扭转（同步）、复合相位移 90°且不成比例（不同步）的拉伸和扭转，试验设备如图 12-9 所示，试样如图 12-10 所示。在名义应力平面 $[(\sigma_n, \sqrt{\beta}\tau_n)$ 平面] 上的载荷路径如图 12-11a 所示，在该图中不同相位的载荷工况是一个圆形载荷路径，且 $\beta = 3$。采用基于网格不敏感的结构应力法计算焊趾处的应力集中系数，拉伸结构应力集中系数为 1.7，剪切结构应力集中系数为 1.1，这样在图 12-11b 的结构应力平面 $(\sigma_s, \sqrt{\beta}\tau_s)$ 平面上变成了一个椭圆形的载荷路径。

图 12-9　试验设备

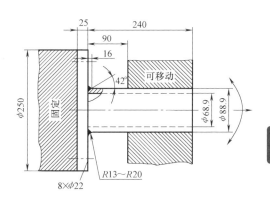

图 12-10　试样

177

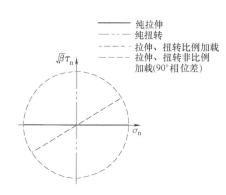

a) 基于名义应力的载荷路径

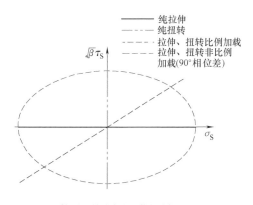

b) 基于结构应力的载荷路径

图 12-11　Sonsino 和 Kueppers 试验的载荷路径

根据公式在 Sonsion 和 Kueppers 的四种载荷路径中，只有椭圆形载荷路径的非比例系数 g_{NP} 是非零的。

$$g_{NP} = \frac{\eta}{2}\left(\eta + \frac{\arcsin(\sqrt{1-\eta^2})}{\sqrt{1-\eta^2}}\right) \tag{12-23}$$

式中，η 为椭圆形载荷路径短轴与长轴的比值。

由于 $\Delta\sigma_e$ 代表（σ_S，$\sqrt{\beta}\tau_S$）平面中最大的直线距离，可以用来计算基于 MLP 法的非比例加载路径的多轴结构应力变化范围 $\Delta\sigma_{NP}$，结果如图 12-12 所示。

如图 12-12 所示，基于 MLP 的多轴结构应力变化范围与试验数据有着极好的相关性，S-N 曲线数据的标准差仅为 0.266，当采用基于 PDMR 路径长度的多轴结构应力参数时，常载荷和变幅载荷的多轴试验数据都落在同一条狭长的窄带内。

综上所述可以得到以下主要结论：

1）基于 MLP 法的疲劳损伤参数，与基于 PDMR 法的周期计数程序相结合，从相

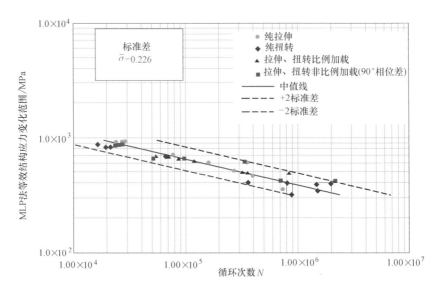

图 12-12　基于 MLP 法的等效结构应力变化范围与 Sonsino 和 Kueppers 试验数据的相关性

关的不同负载路径模式得到大量的非比例多轴试验数据中证明是有效的。

2）基于 MLP 法的参数可以被证明是一种积分形式的应变能密度，它是由在给定的非比例加载路径上法向和剪切变形并通过一种路径依赖的函数加权。

3）无量纲的非比例损伤因子 g_{NP}，通过 PDMR 法循环计数决定的一条路径或者累积路径，每一个相应的半周期的值可以很容易地被计算出来。

4）在变幅多轴疲劳载荷条件下的应力空间或应变空间中，无量纲的非比例损伤因子 g_{NP}，可用于计算基于 MLP 法的多轴应力或者应变参数，并评估多轴状态的疲劳寿命。

12.3　低周疲劳问题的结构应变法

所谓焊接结构的低周疲劳（low-cycle fatigue，简称为 LCF），通常指的是焊缝（焊趾、焊根）上的应力已经超出母材的屈服强度且产生了塑性变形。工程上低周疲劳问题时有发生，以轨道车辆中载重吨位很大的散粒货车为例，它需要在翻车机上侧翻卸货，且侧翻次数远少于轨道不平顺导致的载荷统计次数，但是每次侧翻卸货都将对车体结构产生很大的碰撞载荷，在这个次数不多但峰值很高的碰撞载荷作用下，侧墙底部横梁连接焊缝上就曾经发生过这种属于低周疲劳的焊缝开裂。

由于低周疲劳的应力超出了材料的屈服强度而产生塑性变形，因此也称为应变疲劳。从力学的角度看，焊接结构焊缝（焊趾、焊根）上的塑性变形有以下特点：

1）塑性变形不可恢复，外力功不可逆。

2）应力与应变之间表现为非线性的关系。

3）当产生塑性变形时，将同时存在弹性变形区域和塑性变形的区域，且随着载荷的变化两个区域的分界面也会发生变化。

4）在加载过程中服从塑性规律，在卸载过程中服从胡克定律。

从产生塑性变形的特征看，它的力学模型主要分为两类：第一类是应变硬化或加工硬化的屈服模型，即应力-应变曲线的斜率大于零，卸载以后屈服强度提高，通常斜率为常数，这类模型称为线性硬化材料模型；第二类是理想塑性或完全塑性的屈服模型，即应力-应变曲线的斜率恒等于零，加载后屈服强度不变，该模型代表了韧性材料的主要变形特征。

在简单拉伸力的作用下，拉应力大于材料的屈服强度，材料开始产生塑性变形而进入屈服状态。在复杂载荷作用下，材料的应力状态复杂化，这时材料是否进入屈服状态需要一个准则，工程上常用的是冯·米塞斯准则，即将复杂应力状态中的三个主应力等效为一个应力，即冯·米塞斯应力，如果冯·米塞斯应力大于材料的屈服强度，即表示材料进入了屈服状态。本节先从完全塑性屈服开始讨论，然后拓宽到应变硬化屈服。

在 2007 年推出的 ASME BPVC Ⅷ-2 标准中，曾经给出了低周疲劳的伪弹性算法，但是更深入的研究证明了这一算法是有局限性的，下面将介绍一个关于低周疲劳的新方法，即结构应变法。

12.3.1 伪弹性应力与 LCF 数据的处理

首先需要指出：如图 12-13 所示，ASME 标准中的一些低周疲劳的数据明显地落进了与高周疲劳数据具有一致性的窄带里，这些低周疲劳数据大多来自于参考文献［15］和［16］中所提供的全尺寸的焊管的疲劳测试。

利用前面提供的等效结构应力计算方程计算低周疲劳的参数 $\Delta\sigma_s$ 时，直接使用了伪弹性载荷的概念，即将疲劳试验获得的载荷-位移曲线外推插值，获得的是无须进一步处理的伪弹性结构应力。

早在 20 世纪 50 年代，Markl 就使用了伪弹性应力的概念，图 12-14a 给出的是位移控制条件下悬臂梁的疲劳试验，图 12-14b 给出的是位移控制条件下四点弯曲的疲劳试验，图 12-14c 中给出的 δ_a 是试验所施加的等幅位移，而 F_m 则是实际载荷。利用图 12-14c 所示的外推模式获得了伪弹性载荷 F_a，然后利用外推得到的载荷-位移关系曲线，基于弹性梁的应力计算公式就得到了伪弹性载荷对应的伪弹性应力，这个伪应力是伪应变与杨氏模量的乘积 $E\varepsilon$。如果一个构件处于线弹性范围内，该伪弹性应力实际上就蜕化为该构件中的真实应力。

对于图 12-14 给出的管状梁简单弯曲问题，即使塑性变形可能很显著，但是它的载荷-位移曲线依然能够直接被用来说明当应力超出线弹性极限之后的载荷-位移关系。

但是假如塑性变形在某些时候比较突出，那么这时是否还存在足够尺寸的弹性

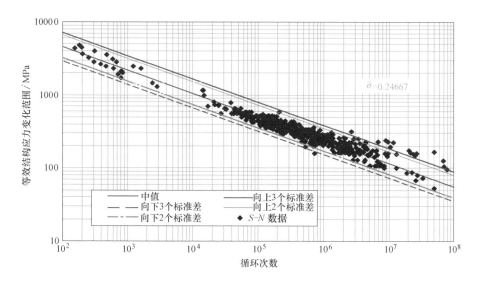

图 12-13 低周疲劳数据与高周疲劳数据具有一致性的窄带

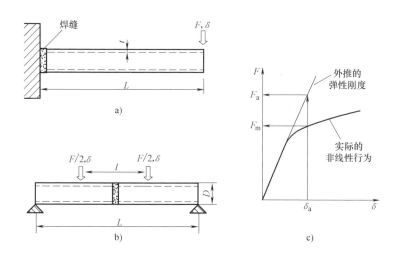

图 12-14 ASME 标准中提供的位移控制的管接头的伪载荷外推插值

芯？这就需要根据板壳理论中提供的基本假设给出充分的判断。在关心疲劳问题时，一个测试得到的载荷-位移曲线实际上是可以用来判断以应力为基础的、具有弹性变形的特征对比。此外，低周疲劳时，焊缝上很高的应力集中也将因局部塑性变形而存在。弹性芯的存在确保了这样一个假设的成立，即在应力上升的局部依然由局部应变控制是成立的，而这是由整体变形或者其相对应的伪弹性载荷保证了假设的有效性。

从疲劳评估的角度看，在低周应力区间内，它需要依靠线弹性有限元分析在低周区域的计算。另外，一个低周疲劳评估过程也应该有能力处理载荷控制条件，这是因为与前面提及的受弯曲载荷的简单管接头相比，被评估的部件很可能有一个复杂的几何形状，在这种情况下，疲劳评估时仅有载荷可用，而问题是基于试验的荷载-位移曲线找不到，甚至以计算应力为目的、用来推断伪弹性载荷那样的曲线也找不到。

正是由于上述原因，下面将介绍一种基于解析公式来估计结构应变的方法，即结构应变法，该方法中结构应变的计算是基于应力的，而应力的计算则使用的是来自线弹性有限元分析得到节点力以后，转换得到的结构应力（包括正应力、剪应力）的计算方程。

12.3.2　结构应变法与低周疲劳

与经典板壳理论相一致，一个结构件通过弹性或弹塑性变形后，可以假定沿着厚度变形仍然维持在一个平面上，这个假定十分重要，它是以下公式中定义与计算伪弹性应力或应变的基础。

为了简单却不失一般性，考虑材料假定为各向同性，而且为完全弹塑性。如图 12-15 所示，有两种加载方式需要考虑：一是弯曲加载，弯曲将对板两面的塑性变形有贡献；二是膜力。图 12-15 给出了大于材料的屈服强度 R_{eL} 的弯曲应力 σ_b 与膜应力 σ_m 之和。

1. 以弯曲为主的加载

首先考虑弯曲载荷为主要载荷的低周疲劳，在这种情况下，对于贯穿厚度的一个假想切面上，如果使用弹性计算的方式，那么可以得到如图 12-15 所示的 σ_m 和 σ_b，合并以后的应力显然已经超过材料的屈服强度 R_{eL}，因此线弹性计算的名义应力必须被重新分配：一是满足平衡条件（力的平衡、力矩的平衡）；二是满足屈服准则（这里假定满足冯·米塞斯准则）。下面给出这两个重要参数的推导。

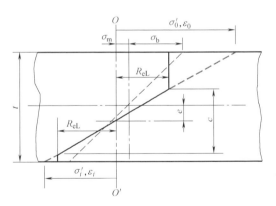

图 12-15　弹塑性区间里的结构应变定义

参考图 12-15，为简单起见，假定完全弹塑性材料的屈服强度是 R_{eL}，那么图中用粗线表示的应力分布必须满足平衡条件，即：

$$\begin{cases} \sigma_m t = R_{eL}\left[\dfrac{t}{2}-\left(\dfrac{c}{2}-e\right)\right]-R_{eL}\left(\dfrac{t}{2}-\dfrac{c}{2}-e\right) \\ \dfrac{t^2\sigma_b}{6}=m_1+m_2+m_3 \end{cases} \tag{12-24}$$

这里：

$$\begin{cases} m_1 = R_{eL}\left[\dfrac{t}{2}-\left(\dfrac{c}{2}-e\right)\right] \times \dfrac{1}{2}\left[\dfrac{t}{2}+\left(\dfrac{c}{2}-e\right)\right] \\[3mm] m_2 = R_{eL}\dfrac{1}{6}c^2 \\[3mm] m_3 = R_{eL}\left[\dfrac{t}{2}-\left(\dfrac{c}{2}+e\right)\right] \times \dfrac{1}{2}\left[\dfrac{t}{2}+\left(\dfrac{c}{2}+e\right)\right] \end{cases} \qquad (12\text{-}25)$$

由于 $c>0$ 表示有非零的弹性芯，因此由式（12-24）力的平衡公式得到

$$e = \frac{\sigma_m t}{2R_{eL}} \qquad (12\text{-}26)$$

将式（12-25）代入式（12-24），就得到了计算弹性芯的公式（12-27）。

$$c = t\sqrt{3\left[1-\left(\frac{\sigma_m}{R_{eL}}\right)^2 - \frac{2\sigma_b}{3R_{eL}}\right]} \qquad (12\text{-}27)$$

上述推导适用于线性硬化的材料或幂硬化材料，而弹性芯参数 c 与中性轴移位参数 e 的计算公式中含 σ_m 和 σ_b，因此还需要数值手段才能获得这两个参数。

假如材料的屈服强度 R_{eL} 已知，根据板厚 t、弯曲应力 σ_b、膜应力 σ_m，就可计算得到弹性芯参数 c，它是产生塑性变形以后留下的弹性芯的大小。中性轴移位参数 e 是产生塑性变形以后中性轴的偏移量。

假如膜应力分量 $\sigma_m = 0$，且弹性芯 $c = 0$，那么式（12-27）就退化为经典的极限应力状态：$\sigma_b = 3R_{eL}/2$，而弹性核非零的条件可以表述为

$$\frac{c}{2} < \frac{t}{2} - e \qquad (12\text{-}28)$$

假设弹性核存在且占主导地位，那么它将控制厚度的变形行为，根据几何关系可以很容易地获得弯曲变形的曲率

$$\frac{1}{\overline{R}} = \frac{M}{EI} = \frac{\dfrac{1}{6}c^2 R_{eL}}{E\dfrac{1}{12}c^3} = \frac{2R_{eL}}{cE} \qquad (12\text{-}29)$$

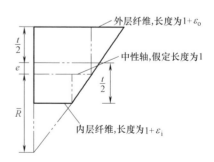

式中，$\overline{R}$ 为弯曲的曲率半径。

根据如图 12-16 所示的变形关系，可以推导出受弯曲板的最外层纤维和最内层纤维的结构应变，推导过程如下。

$$\frac{\overline{R}}{\dfrac{t}{2}+e} = \frac{1}{(1+\varepsilon_o)-1} \Rightarrow \varepsilon_o = \frac{1}{R}\left(e+\frac{t}{2}\right)$$

图 12-16　最外层纤维和最内层
纤维的结构应变

$$\frac{\overline{R}}{\dfrac{t}{2}-e}=\frac{1}{1-(1+\varepsilon_{\mathrm{i}})}\Rightarrow\varepsilon_{\mathrm{i}}=\frac{1}{R}\left(e-\frac{t}{2}\right) \tag{12-30}$$

类似于参考文献［15］和［16］中关于低周循环疲劳试验的伪弹性标称应力的伪弹性结构应力的做法，将式（12-30）计算得到的应变乘以材料的杨氏模量，就可以得到仅有名义牵拉应力情况下的伪结构应力的两个分量

$$\begin{cases} 膜应变：\varepsilon_{\mathrm{m}}=\dfrac{\varepsilon_{\mathrm{o}}+\varepsilon_{\mathrm{i}}}{2}=\dfrac{e}{R}；\quad 弯曲应变：\varepsilon_{\mathrm{b}}=\dfrac{\varepsilon_{\mathrm{o}}-\varepsilon_{\mathrm{i}}}{2}=\dfrac{t}{2\overline{R}} \\[3mm] \sigma'_{\mathrm{m}}=E\varepsilon_{\mathrm{m}}=\dfrac{Ee}{R}=\dfrac{E\sigma_{\mathrm{m}}t}{2\,\overline{R}R_{\mathrm{eL}}}；\quad \sigma'_{\mathrm{b}}=E\varepsilon_{\mathrm{b}}=\dfrac{Et}{2\overline{R}} \end{cases} \tag{12-31}$$

下面对以弯曲为主的低周疲劳问题的结构应变法求解步骤归纳如下：

1）给定弯曲载荷、板厚 t、材料的屈服强度 R_{eL}、材料的杨氏模量 E。

2）先假设是一个弹性问题，根据第7章的公式计算结构应力（其分量是 σ_{m} 和 σ_{b}）。

3）由式（12-27）计算弹性芯 c，由式（12-26）计算偏移量 e。

4）由式（12-29）计算因弹性芯存在而产生的曲率半径 $\overline{R}$。

5）由式（12-31）计算考虑塑性的结构应变。

6）由式（12-31）计算考虑塑性的伪结构应力。

7）基于伪结构应力，计算等效伪结构应力。

8）类似于第8章高周疲劳问题的程序，计算给定载荷谱的疲劳寿命。

2. 以膜力为主的加载

参考图12-15，如果膜应力相对较高，这时塑性变形只出现在外表面附近，而内表面有 $\sigma'_{\mathrm{i}}\leqslant R_{\mathrm{eL}}$，通过与上面类似的推导，弹性芯的大小 c 可以表示为

$$c=\frac{t}{2}\left(\frac{3R_{\mathrm{eL}}-3\sigma_{\mathrm{m}}-\sigma_{\mathrm{b}}}{R_{\mathrm{eL}}-\sigma_{\mathrm{m}}}\right) \tag{12-32}$$

这时的弯曲曲率是：

$$\frac{1}{\overline{R}}=\frac{8(R_{\mathrm{eL}}-\sigma_{\mathrm{m}})^{3}}{tE(3R_{\mathrm{eL}}-3\sigma_{\mathrm{m}}-\sigma_{\mathrm{b}})^{2}} \tag{12-33}$$

这样，在两外表面和内表面的结构应变为

$$\varepsilon_{\mathrm{o}}=\frac{R_{\mathrm{eL}}}{E}+\frac{(t-c)}{\overline{R}}\quad \varepsilon_{\mathrm{i}}=\frac{R_{\mathrm{eL}}}{E}-\frac{c}{\overline{R}} \tag{12-34}$$

于是，伪弹性结构应力是

$$\sigma'_{\mathrm{m}}=R_{\mathrm{eL}}+\frac{E}{2\overline{R}}(t-2c)\quad \sigma'_{\mathrm{b}}=\frac{Et}{2\overline{R}} \tag{12-35}$$

式（12-31）与式（12-35）中的伪弹性弯曲应力分量具有相同的表达式，这是

因为弯曲应力也只与曲率 $1/\overline{R}$ 和杨氏模量相关，如果用一个有效的屈服应力 R'_{eL} 替换上述公式中材料的屈服强度 R_{eL}，那么将很容易地扩展到平面应变问题中。

$$R'_{eL} = \frac{R_{eL}}{\sqrt{1-\nu+\nu^2}} \tag{12-36}$$

如果使用冯·米塞斯准则，可用下式的 E' 替换式（12-31）和式（12-35）中的杨氏模量 E，ν 是泊松比。

$$E' = \frac{E}{1-\nu^2} \tag{12-37}$$

在更近一步考虑带有应变硬化效应的应力-应变曲线的情况下，如果需要求解所产生的结构应变，则要采取数值解析法才能求解。

12.3.3　基于 LCF 测试数据的验证

本节从文献中获得低周疲劳试验数据，以验证在上一节中讨论的结构应变法。在参考文献［17］和［18］中，提供了有使用循环压力的疲劳试验的 5 个测试结果，其中 4 个是碳钢容器（350MPa 的标称值），一个是不锈钢容器（310MPa 的标称值）。图 12-17 给出了该容器的几何形状，包括疲劳失效位置、焊缝细节，表中

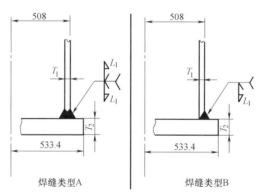

接头编号	类型	材料	屈服强度/MPa	抗拉强度/MPa	焊接方法	T_1/mm	T_2/mm	L_1/mm
1	A	SA-516-70	349.5	528.8	TIG	4.51	9.73	3.18
2	A	SA-36	355.0	466.8	GMAW FCAW	4.65	9.53	4.76
3	A	SA-516-70	349.5	528.8	TIG FCAW	4.59	9.73	4.76
4	B	SA-36	355.0	466.8	GMAW FCAW	4.65	9.53	7.94
5	A	SA-240 304	288.2	612.3	TIG	5.23	9.83	3.18

图 12-17　在循环压力条件下的平板热容器的几何尺寸和疲劳破坏位置

还列出了材料、焊接工艺、厚度等参数。通过严格的疲劳测试，发现5个容器检验中第4号数据不可用，其余4个有正常的失效数据。

线弹性有限元分析的结果表明，焊缝的焊趾上的膜应力 $\sigma_m = 12.7\text{MPa}$，弯曲应力 $\sigma_b = 481.5\text{MPa}$，显然膜应力与弯曲应力之和已经超过了碳素钢及不锈钢材料的屈服强度。接着，基于式（12-31）计算了相应的结构应变及伪弹性结构应力。伪弹性结构应力的计算，主要是将本例压力容器的结果数据与已经在主 $S\text{-}N$ 曲线里的数据进行对比。对比结果如图12-18所示，这里给出了 ASME 标准以疲劳失效次数的对数定义的主 $S\text{-}N$ 曲线中值线、$\pm 2\,\overline{\sigma}$ 线以及 $\pm 3\,\overline{\sigma}$ 线。图中纵坐标是等效结构应力变化范围。图中与4个压力容器对应的4个以实心符号，表示的是仅考虑弹性结构应力变化范围的计算结果（没有考虑基于结构应变法的低周疲劳修正），在结构应变法被使用以后，用了4个空心符号表示伪结构应力的结果。在没有低周疲劳修正时，4个数据中大多数靠近 $-2\,\overline{\sigma}$ 线，而经新的低周疲劳修正处理后，可以清楚地看出，在试验数据与现在的主 $S\text{-}N$ 曲线数据之间的相关性得到了改善。

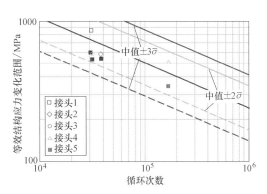

图 12-18 压力容器及相关数据

注意，不要将这里定义的结构应变法与传统的应变寿命法混淆，它们之间最主要的区别是：结构应变法推导的应变，是在一个假设的裂纹平面上的应变，它满足平面仍然保持平面的条件，而应变寿命法使用的是由局部应变。

12.4 基于等效结构应变参数的统一方程

12.4.1 结构应力与结构应变的比较

本书第7章已经定义了网格不敏感的结构应力，使得缺口位置（例如焊趾处，该处应力因奇异性而表现出病态）的应力计算结果具有一致性。然而这里有一个概念上的混乱，因为在某些文献中，将热点应力法中通过对表面应力插值而得到的应力也称为结构应力。其实本书第7章对结构应力已经给出了明确的定义，且网格不敏感，更重要的是，线性牵拉应力的描述能直接由经典的板壳变形理论中的结构应变给出推导。超出弹性变形极限以后，只要弹性芯依然存在，结构应变的定义就有效。还有，正如前面已经证明过的，对于疲劳数据相关性，在充分产生塑性变形区域内结构应变仍然表现出相当合理的结果。引进伪弹性结构应力的定义在概念上是不必要的，它唯一的目的是将实际结构应变转换为一个虚构的应力，这样低周疲劳数据才可能与高周疲劳数据里的应力放到一起进行比较。很明显，如果数据中塑性变形可以被忽略时，伪弹性结构应力其实就是实际的弹性应力。事实上，结构应变可以作为基本参数，对低周疲劳、高周疲劳，甚至不同材料都可以给出统一的疲劳损伤的特征。传统上，工程师乐于使用应力而不乐于使用应变（ASME标准就是这样做的），这只是应用习惯的问题。

结构应变法将前期建立的结构应力法扩展到低周疲劳的领域，它适用于可以有明显的塑性变形，但是弹性变形仍然是主要变形成分的低周疲劳问题。该方法继承了网格不敏感的结构应力法的优点。在假定材料具有弹性和理想的塑性条件下，实现了考虑屈服和平衡条件所产生的结构应变的解析表达。该解析表达式可以用来处理应变硬化的材料，从而使得结构应变可以容易用数值方法计算，通过将低周疲劳试验数据压缩到一条窄带之中，更加证明了该方法的有效性。

有了这个新的方法，无论是低周还是高周疲劳行为，现在可以用统一的方式进行处理。基于主S-N曲线网格不敏感的结构应力法，通过材料的杨氏模量参数，可以看作是高周疲劳的结构应变法，本节介绍的结构应变法可以作为后处理计算过程。结构应变法是基于经典板壳理论中的一个基本假设：厚度方向变形的梯度是线性的。对于完全弹塑性材料，给出了结构应变和弹性芯的一组解析解，而且用有效的试验数据给予了有效性证明。结构应变法也可以很容易地扩展到需要考虑有应变硬化影响的材料，这时需要由数值技术求解结构应变。

综上所述，可以得到以下结论：

1）结构应变法不仅对低周疲劳问题有效，而且也完全涵盖了早期的基于网格不敏感的结构应力用于处理高周疲劳问题的主S-N曲线法。

2）不管是什么样的接头几何、载荷类型，低周疲劳与高周疲劳数据落在同一条离散带里的事实，证明了描述焊接接头疲劳的最基本的参数，既不是缺口应变，也不是缺口应力，而是结构应变。

3）将结构应变转化为伪弹性结构应力并不重要，它仅作为一种方法，从而可以将低周疲劳与高周疲劳的数据以基于主S-N曲线的形式在标准中给出，在高周疲劳区域里，基于牵拉的结构应力与应变成正比关系。

4）在结构应变的求解过程中（在弹性和弹-塑性变形区间），基于静态等效的膜应力与弯曲应力的分解是重要的，弹性芯可以根据平衡方程被定量确定。

5）在所关心的局部，如果弹性芯不存在，结构应变法同样可以用于试验数据分析，但是在这种情况下，考虑使用低周疲劳评估之前，根据静强度分析准则就可以预测结构的失效位置。

12.4.2　主应变-寿命曲线

第7章、第8章已经讨论了结构应力法，从力学上看，不管是弹性问题中应力与应变的线性关系，还是弹塑性问题中应力与应变的非线性关系，总是可以通过材料常数（杨氏模量、泊松比）建立它们之间的关系。基于这一力学关系，可以用等效结构应变这个参数将不同种类材料的单轴疲劳、多轴疲劳、低周疲劳、高周疲劳评估方法给出力学上的统一表示。

令等效结构应变参数为

$$\Delta E_{\rm S} = \frac{\Delta \varepsilon_{\rm S}}{t^{*\frac{2-m}{2m}} I(r)^{\frac{1}{m}}} \qquad (12\text{-}38)$$

式中相关参数，类似于等效结构应力相关参数，这里

$$r = \frac{\Delta \varepsilon_{\rm b}}{\Delta \varepsilon_{\rm S}} \quad r' = \frac{\Delta \varepsilon_{\rm b}'}{\Delta \varepsilon_{\rm S}'} \quad t^* = \frac{t}{t_{\rm ref}} \qquad (12\text{-}39)$$

如果是多轴疲劳问题，用多轴应变 $\Delta \varepsilon_{\rm e,MLP}$ 替代式（12-38）中的结构应变 $\Delta \varepsilon_{\rm S}$。

如果是低周疲劳问题，用低周应变 $\Delta \varepsilon_{\rm S}'$ 替代式（12-38）中的结构应变 $\Delta \varepsilon_{\rm S}$。

如果是高周疲劳问题，用结构应力与杨氏模量的比 $\Delta \sigma_{\rm S}/E$ 替代式（12-38）中的结构应变 $\Delta \varepsilon_{\rm S}$。

图 12-19 所示为基于等效结构应变的参数定义，它形象地定义了单轴疲劳问题、多轴疲劳问题、低周疲劳问题以及高周疲劳问题的逻辑关系。

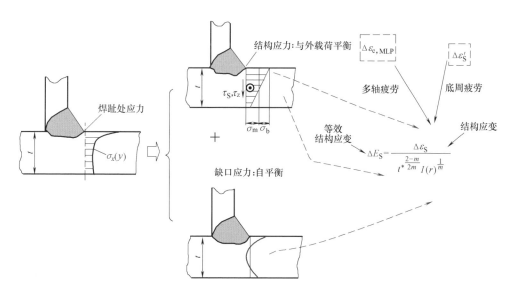

图 12-19　基于等效结构应变的参数定义

已经搜集的大量疲劳试验数据中包括了不同材料的低周疲劳数据，然后以等效结构应变为参数将这些数据绘到一起，如图 12-20 所示。结果发现：包括 5000 系列、6000 系列铝合金和屈服强度很高的钢，以及钛合金的疲劳数据都落在同一条窄带里。如果用等效结构应力替代等效结构应变，本质上这条窄带类似于第 8 章的主 S-N 曲线，因此可以将图 12-20 所给出的窄带称为主 E-N 曲线。

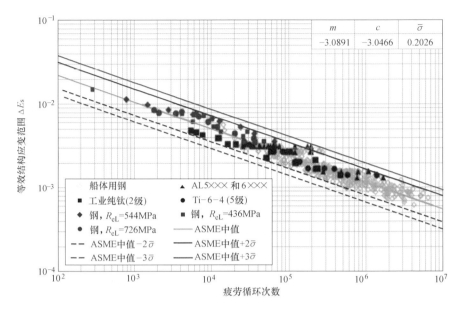

图 12-20　主应变-寿命曲线（主 *E-N* 曲线）

12.5　本章小结

1）基于第 8 章中推导的疲劳寿命积分公式，将积分下限作为一个参数，提出了初始裂纹等效替代法，这样当焊趾或焊根初始裂纹的大小可测时，该方法可以直接给出其剩余寿命。如果某些焊接缺陷间接影响疲劳寿命，那么可以通过一组有对应缺陷样件的疲劳试验，反求出等效初始裂纹，这样也可以给出有对应缺陷的剩余寿命。这一方法对焊接质量评估有很好的应用，本章给出的典型案例证明了这一点。

2）在处理复杂的非比例加载路径的多轴疲劳问题时，PDMR 法提供了疲劳循环计数的方法、有效应力变化范围的计算方法、每半个周期载荷路径长度的计算方法。采用 PDMR 法确定有效应力范围，然后采用 MLP 法就可以计算每个半周期多轴非比例加载的疲劳损伤因子。

3）当一个焊接接头的焊趾或焊根上的循环应力大于材料的屈服强度时，只要弹性芯的尺寸保持足够大（大于 $t/2$），那么基于"平面仍然维持平面"的力学假设，就可以解析得到结构应变。基于结构应变的概念，进而可以评估进入塑性状态下的疲劳寿命。

4）基于应力与应变之间的本质联系，用应变而不是应力的概念描述疲劳寿命，内涵更为深刻。基于此，主应力-寿命曲线（主 *S-N* 曲线）可以被认为是主应变-寿命曲线（主 *E-N* 曲线）的简单情况。等效结构应变是焊接结构的疲劳评估的重要参数，这个参数完美实现了不同种类材料的单轴疲劳、多轴疲劳、低周疲劳、高周疲劳数据被放到一条窄带里的统一表达。

参 考 文 献

[1] Fatigue design and assessment of steel structures：BS7608：2014＋A1：2015 [S]. London：BSI, 2015.

[2] DONG P S, HONG J K, OSAGE D A, et al. The master S-N curve method：an implementation for fatigue evaluation of welded components in the ASME B&PV Code Section Viii, Division 2 And API579-1/ASME FFS-1 [M]. New York：WRC Bulletin, 2010.

[3] ASME Boiler and Pressure Vessel Code：ASME BPVC VIII-2-2015 [S]. New York：The American Society of Mechanical Engineers, 2015.

[4] DONG P S. Fitness-for-Service based weld quality definition, inspection, and structural health monitoring Keynote Lecture [R]. Perth：Proceedings of The 1st Australasian International Welding, 2013.

[5] DONG P S. Fitness-for-Service Assessment of Underwater Welds in Offshore Structures, Keynote Lecture [R]. Houston：International Workshop on the State of the Art Science and Reliability of Underwater Welding and Inspection Technology, 2010.

[6] DONG P S. A FITNET Procedure for FFS-Based Fatigue Evaluation Using the Master S-N Curve Approach Keynote Lecture [R]. Athens：International Conference on Fitness-for-Service, 2006.

[7] DONG P S, WEI Z, HONG J K. A path-dependent cycle counting method for variable-amplitude multi-axial loading [J]. International Journal of Fatigue, 2010 (32)：720-734.

[8] MEI J, DONG P S. A new path-dependent fatigue damage model for nonproportional multi-axial loading [J]. International Journal of Fatigue, 2016 (90)：210-221.

[9] MEI J, DONG P S. Modeling of path-dependent multi-axial fatigue damage in aluminum alloys [J]. International Journal of Fatigue, 2016 (95)：252-263.

[10] SONSINO C. Multiaxial fatigue of welded joints under in-phase and out-of-phase local strains and stresses [J]. International Journal of Fatigue, 1995 (17)：55-70.

[11] SONSINO C, Kueppers M. Multiaxial fatigue of welded joints under constant and variable amplitude loadings [J]. Fatigue Fraction Mater Struct, 2001 (24)：309-327.

[12] SONSINO C. Multiaxial fatigue assessment of welded joints-Recommendations for design codes [J]. International Journal of Fatigue 2009 (31)：173-187.

[13] KUPPERS M, SONSINO C. Critical plane approach for the assessment of the fatigue behavior of welded aluminum under multiaxial loading [J]. Fatigue FractEng Mat Stru, 2003 (26)：507-513.

[14] KUEPPERS M, Sonsino C. Assessment of the fatigue behavior of welded aluminum joints under multi-axial spectrum loading by a critical plane approach [J]. International Journal of Fatigue 2006 (28)：540-6.

[15] DONG P S, PEI X, XING S, et al. A structural strain method for low-cycle fatigue evaluation of welded components [J]. International Journal of Pressure Vessels and Piping, 2014 (119)：

39-51.

[16] DONG P S, CAO Z, HONG J K. Low-Cycle Fatigue Evaluation Using the Weld Master *S-N* Curve [C]// Proceedings of ASME PVP 2005 Conference PVP2006-ICPVT11-93607. Vancouver: ASME, 2005.

[17] SCAVUZZO R J, SRIVATSAN T S, LAM P C. Fatigue of Butt-Welded Pipe, Report 1 in Fatigue of Butt-Welded Pipe and Effect of Testing Methods [J]. Welding Research Council Bulletin, 1998 (7): 433-450.

[18] WAIS E, RODABAUGH E C. Investigation of torsional stress intensity factors and stress indices for girth welds in straight pipes [R], Palo Alto: EPRI Report, 2002.

第 13 章

结构应力法的工程应用实例

本章选择四个有代表性的工程案例，以证明结构应力法在工程应用中的有效性。这四个工程案例分别是：①美国汽车工程学会（SAE）下属的疲劳设计与评估委员会（FD&E）发布的"疲劳挑战"（Fatigue Challenge）盲评胜出案例；②某轨道客车转向架上焊接吊架疲劳隐患的成功去除案例；③某轨道客车焊接构架上焊根疲劳开裂的成功治理案例；④某轨道货车焊接结构焊缝疲劳开裂的原因剖析案例。

13.1 SAE "疲劳挑战"实例

2003 年美国汽车工程学会（SAE）下属的疲劳设计与评估委员会（FD&E）发布了一个"疲劳挑战"（fatigue challenge）的项目[1]，该委员会内的成员、科研单位的研究人员、工业界的工程师均可报名参加，这个项目还吸引了一些知名的疲劳软件开发商纷纷参加。该挑战的题目是：对一家赞助公司提供的已经有疲劳试验数据的焊接接头进行疲劳寿命盲评（fatigue life of blind prediction），该焊接接头如图 13-1 所示，它由两个中空的矩形截面管组焊而成，委员会提供了寿命预测所需的全部资料与数据，然后让所有的参加者在规定时间内独立完成疲劳寿命预测，最后由该委员会通过投票确认哪个挑战者因预测结果最接近而胜出。

13.1.1 基于结构应力的焊缝疲劳开裂位置预测

图 13-1 给出了被预测的焊接接头的部分结构，根据给定的含全部焊透的角焊缝接头的三维几何模型，分别用薄壳单元（图 13-2，焊缝用 4 节点薄壳单元模拟）、实体单元（图 13-3，焊缝用实体单元模拟）创建了有限元模型，图 13-2 还给出了薄壳单元离散后的有限元网格、约束条件以及在一侧端口处施加水平方向上的等幅疲劳载荷的示意，该疲劳载荷幅值为 17.8kN，循环特性为 $R = -1$。

对有限元模型施加了位移约束及载荷边界条件，首先进行了静应力计算，得到的最大主应力为 200MPa，位于焊缝端部，如图 13-4 所示，但是结构应力的计算结

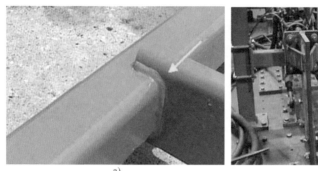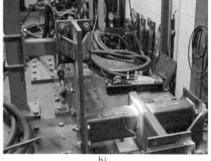

a)   b)

图 13-1 中空的矩形截面接头结构与疲劳试验机

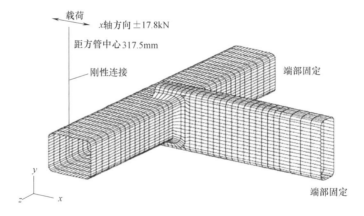

图 13-2 薄壳单元模型及疲劳载荷

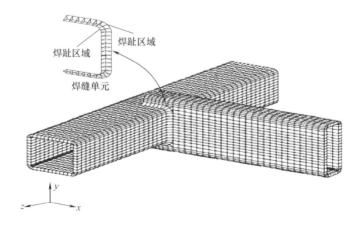

图 13-3 用实体单元模拟的焊缝

果却表明：最大结构应力在焊缝拐弯处，如图13-5所示。最大主应力、冯·米赛斯应力均小于该处的结构应力。事后被证明，最大主应力所给出的位置并不是疲劳破坏的位置，而最大结构应力所给出的位置才是焊缝疲劳开裂的真正位置。

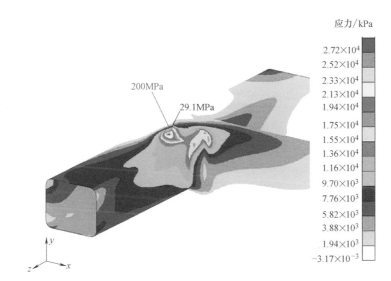

图13-4　有限元计算得到的最大主应力位置

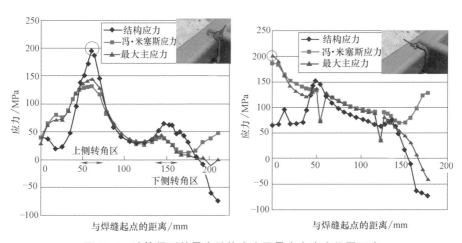

图13-5　计算得到的最大结构应力及最大主应力位置示意

在这个过程中又分别采用了单元大小不同的三种有限元网格建模计算，单元大小分别为壁厚 t 的0.5倍、1倍及2倍。图13-6给出了三种不同有限元网格模型计算的焊缝处最大主应力、冯·米塞斯应力以及与结构应力值的对比，对比结果清楚地表明：最大主应力、冯·米塞斯应力计算结果对网格尺寸敏感，而结构应力计算结果则对网格尺寸不敏感。

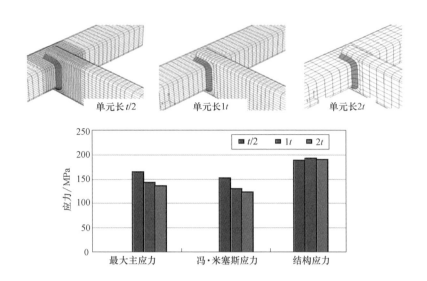

图 13-6　三种不同有限元网格尺寸计算的三类应力结果对比

13. 1. 2　基于主 *S-N* 曲线的焊缝疲劳寿命预测

首先计算等效结构应力，取焊缝节点排序方向为横坐标，图 13-7 所示为按照焊缝长度排列的等效结构应力，图中给出了最大等效结构应力出现的位置。然后将主 *S-N* 曲线向下取两个标准差，计算应力循环特性 $R=-1$ 时对称循环载荷作用下的疲劳寿命。同样取焊缝节点排序方向为横坐标，图 13-8 给出了与焊缝位置对应的疲劳寿命计算结果，该疲劳寿命最短位置与最大等效结构应力位置一致，基于结构应力法计算得到的平均寿命为 74400 次，这一结果与由疲劳试验获得的平均寿命 75000 次几乎完全吻合，预测得到的最短寿命位置也与实际发生疲劳裂纹的位置完全一致。而在 $\pm 2\,\overline{\sigma}$ 区间的疲劳寿命预测结果（12400~412000 次）与 12 个疲劳试验样件的试验结果的循环次数（30000~200000 次）也一致。

在第一次"疲劳挑战"结束之后，为使"挑战"结果更让人信服，SAE 的 FD&E 又组织了第二次"疲劳挑战"，这次疲劳载荷改为变幅载荷，而其余所有的测试样本等信息与第一次"疲劳挑战"的信息保持一致，但是焊缝端部焊脚尺寸增大很多，如图 13-9 所示。焊缝端部焊脚尺寸的增大，使得该处应力集中增大，结构应力的计算结果也是该处最大，省略第二次"挑战"计算过程的细节描述，基于结构应力法的第二次疲劳寿命预测结果与实测结果还是完全吻合。

13. 1. 3　结论

将有限元计算得到的节点力转换为焊缝处的结构应力，其网格不敏感的力学特征得到了证明。两次"挑战"的盲评结果与实际情况的一致性，证明了结构应力法有能力给出焊缝处的应力集中。与参加"挑战"的传统方法比较，结构应力法的计算结果与试验值最接近，优势明显，因此得到了此次"挑战"的冠军。

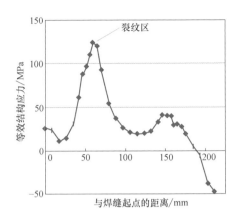

图 13-7　焊缝长度方向上的等效结构应力

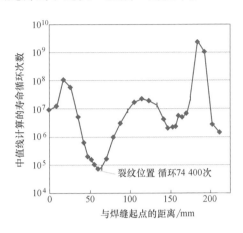

图 13-8　焊缝长度方向上的疲劳寿命

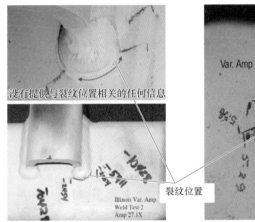

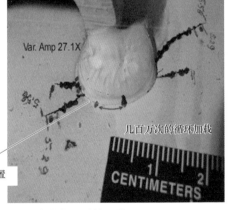

图 13-9　焊缝端部焊脚尺寸增大以后的形状

13.2　焊接吊架疲劳隐患成功治理实例

正在服役的某转向架在线路上的动应力测试数据发现，在转向架上某设备的焊接吊架上有一条焊缝的疲劳寿命满足不了设计运行里程，因此这条焊缝的疲劳寿命小于规定的设计要求[2]。面对这一疲劳隐患，可以对正在服役的焊接吊架采取适当的补救措施，也可以设计一个新的结构替代原结构。从系统的角度看，新的结构方案是否可行，其中一个重要约束条件是它不能降低原结构系统的动力学性能，因此替代方案将有可能使问题变得相当复杂，而在原结构上进行局部修补的难度也很大，因为原结构十分紧凑，留给设计修改的可行空间非常有限。

13.2.1　应力集中的确认

面对这种两难情况，决定对原结构创建一个含焊缝在内的有限元模型以考察该焊缝上的应力集中状态。图 13-10 给出了含该焊缝的有限元模型的局部细节，其中包括焊缝块体单元。

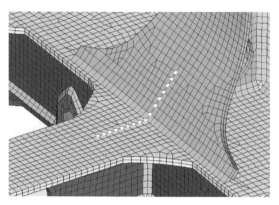

图 13-10　含焊缝的有限元模型的局部细节

利用应力与载荷的线性关系，根据该点测试得到的应力谱可以反推出吊挂设备所产生的垂向载荷谱。将最大垂向载荷施加到该有限元模型之后，计算结果表明在与该焊缝垂直的一系列节点上，主应力峰值的确发生在焊缝的中部，如图 13-11 所示，但是该值不能用来计算焊缝的疲劳寿命。

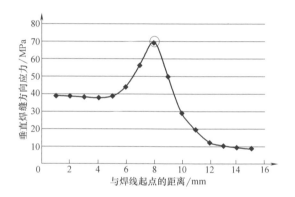

图 13-11　原结构垂直焊缝方向应力分布

为此，对该焊缝定义了两条焊线，如图 13-12 所示，然后基于结构应力法分别计算了沿着焊缝方向的结构应力。

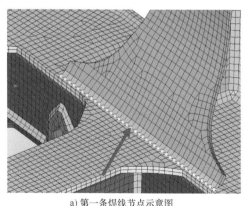

a) 第一条焊线节点示意图

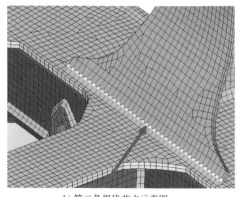

b) 第二条焊线节点示意图

图 13-12　定义了两条焊线的焊缝

根据有限元的节点力的计算结果，基于本书提供的方法，提取节点力后计算结构应力及等效结构应力，于是得到了焊线 1 与焊线 2 的等效结构应力分布。图 13-13 表明焊趾的第一条焊线中间位置等效结构应力最大，其值为 110.62MPa，这意味着最大的应力集中就发生在这里。

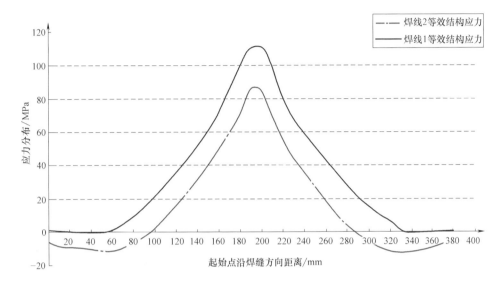

图 13-13　焊线上结构应力的分布

13.2.2　缓解应力集中的对策及有效性验证

根据上述结构应力计算结果的启发，并考虑到应力集中具有局部属性，因此提出了一个缓解应力集中的方案，即在有限元计算确认的应力集中处补焊一块垂直于焊缝方向的尺寸很小的斜肋，该方案简称为加肋方案。该斜肋与其他结构部件之间保留了足够的间隙以防止服役过程中因结构振动而互相干涉。对该方案重新创建了有限元模型，其中包括新的焊缝单元。结构应力的计算结果表明原结构应力集中峰值从 110.62MPa 下降为 73.69MPa。由于该斜肋质量很小，因此它对系统动力学性能的影响几乎为零。

基于反求的垂向载荷谱，并选用 $-2\,\bar{\sigma}$ 的主 S-N 曲线，采用线性累积疲劳损伤计算对比了原方案与"加肋方案"的疲劳寿命。对比结果表明，加肋方案的抗疲劳能力提高 3 倍以上，完全可以满足 1200 万 km 的设计寿命要求，对补强后的其他焊缝也进行了疲劳寿命评估，改进方案中新增焊缝的疲劳寿命也满足设计寿命要求。

考虑到该问题的重要性，重新在线路上对加肋方案进行了动应力测试，图 13-14 是加强肋附近的应变片布置，线路上的动应力测试数据表明该方案不仅可行且能满足设计寿命要求[3]。为进一步验证改进方案，在 16 通道的 MTS 疲劳试验机上进行了疲劳试验，如图 13-15 所示，其中垂向验证载荷为实测载荷的 1.5 倍，试验中还模拟了运行于双弯（S 弯）线路上向前的加速和减速过程，图 13-16 所示是作动器加载时间历程图。

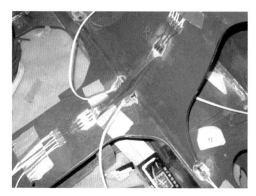

图 13-14　加强肋附近的应变片布置

图 13-15　疲劳试验现场

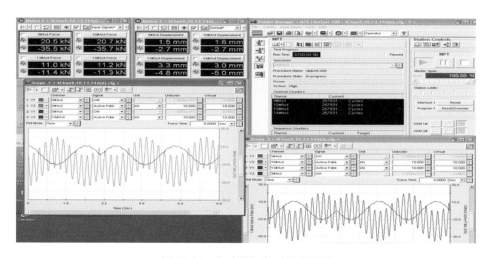

图 13-16　作动器加载时间历程图

按照国际铁路联盟 UIC-515-4 标准[4]，进行了三个阶段累计为 $1×10^7$ 次的疲劳试验，试验过程中分别在加载 $6×10^6$ 次、$8×10^6$ 次及 $1×10^7$ 次时进行了磁粉探伤，探伤结果表明没有疲劳裂纹产生，该加肋方案在通过各级评审后已经被正式采纳[5]。

13.2.3　结论

1）基于结构应力法的计算结果发现了该结构疲劳强度薄弱处有明显的应力集中，该处产生应力集中的原因是：对该焊缝的垂向弯曲载荷而言，尽管焊缝纵向有足够的长度，但是焊缝的焊趾却相当于被布置在一个类似于悬臂梁的根部，此处刚度的不协调导致了很高的应力集中。

2）针对局部应力集中，提出的加肋方案显著地缓解了该处的应力集中。基于线路动应力实测数据，以及疲劳试验台架上的疲劳试验数据，可以看到加肋方案显著地缓解了该处的应力集中，从而消除了该处的疲劳隐患。

3）对任何焊接结构来说，在设计阶段发现应力集中相当重要，只有发现了焊缝上应力集中的具体位置，才能有针对性地采取对策来缓解应力集中。与其他方法相比较，设计阶段发现应力集中的最有效方法是结构应力法，且焊接结构越复杂，该方法优势越明显。

13.3 焊根疲劳开裂的成功治理实例

某轨道客车转向架焊接构架在段修过程中发现构架的横梁腹板与侧梁下盖板板厚方向焊缝有疲劳裂纹[6]，图 13-17 是外部观察到的焊缝裂纹，图 13-18 是去掉该角焊缝而观察到的内部装配间隙。

图 13-17 装配后内侧角焊缝开裂　　　　　图 13-18 角焊缝内部装配间隙

现场调查表明，为了保证侧梁与横梁顺利装配，横梁腹板必须为侧梁下盖板留出足够的装配间隙，但是实际制造过程中，装配间隙大于设计规定的间隙。事实上，在制造过程中严格满足间隙要求也是不容易实现的。

13.3.1 结构应力的计算

初步分析给出的判断是：由于该角焊缝焊根上的缺陷难以控制，且装配缝隙较大，因此该角焊缝在来自转向架水平面内扭转载荷的反复作用下，因角变形而使焊根处产生了较大的应力集中，进而导致了该角焊缝的焊根处成了疲劳裂纹源，并在产生疲劳裂纹后从内向外扩展（图 13-17 与图 13-18）。

为了提出有效治理方案，首先创建了原结构的有限元模型，该模型对该角焊缝的焊趾、焊根分别进行了焊线定义（图 13-19），然后根据结构应力法分别计算它们的结构应力。

图 13-20 给出的原结构焊根与焊趾结构应力计算结果表明，在设计载荷作用之下，焊根处最人的结构应力显著人于相应部位焊趾处的结构应力，前者是后者的两倍左右，这表明，在服役过程中疲劳裂纹必然首先从焊根处开始。

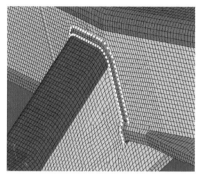

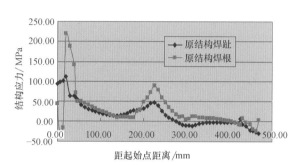

图 13-19　含焊缝的原结构有限元模型　　　图 13-20　原结构焊根与焊趾结构应力计算结果

13.3.2　改进方案的疲劳强度评估

基于上述判断，并参考结构应力的计算结果提出了补强方案，在横梁与侧梁装配的内侧与外侧分别布置了用来抵抗角变形的三角形补强板，如图 13-21 和图 13-22 所示。

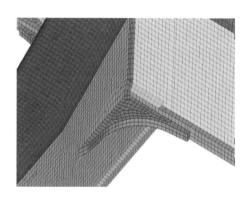

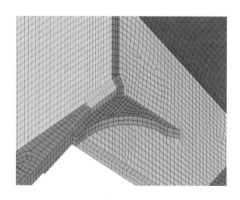

图 13-21　内侧改进方案示意　　　　　　　图 13-22　外侧改进方案示意

为了更好地模拟计算原构架及其补强结构焊缝上的结构应力，采用实体单元进行了含焊缝的有限元建模。

与上一个案例类似，同样依据 UIC515.4 标准规定的试验载荷为疲劳计算载荷，取疲劳试验大纲中约束条件为计算约束条件，载荷加载总次数为 1×10^7 次，按照图 13-23所示分 3 级渐增加载。

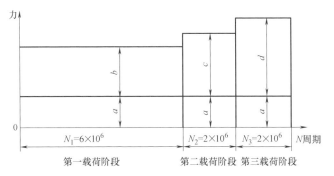

图 13-23 疲劳计算的 3 级渐增加载方式

对原结构与改进结构所关注的那个角焊缝（焊趾、焊根）上的结构应力进行了计算结果比较，分别如图 13-24 与图 13-25 所示。

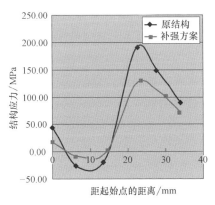

图 13-24 焊根的结构应力分布

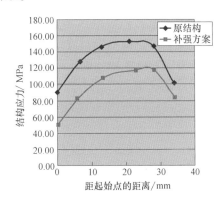

图 13-25 焊趾的结构应力分布

结构应力的计算结果表明：补强以后焊根上的应力集中显著下降，在结构应力计算的基础之上，选用$-2\overline{\sigma}$的主 S-N 曲线，基于线性损伤累积又分别对原结构和补强方案上每一条焊缝（焊趾、焊根）进行了疲劳损伤累积计算，如图 13-26 所示，该焊缝上最大结构应力发生在有装配间隙的焊根端部。

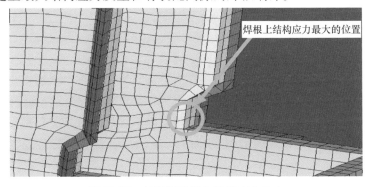

图 13-26 角焊缝焊根上结构应力最大

表 13-1 给出了该位置的累积疲劳损伤。在模型中无法考虑焊根上初始缺陷的情况下，原结构开裂处焊根累积损伤计算值已经高达 0.79，增加补强板后，该处焊根上的累积损伤从 0.79 降为 0.19，这表明补强方案显著提高了结构在该处的抗疲劳能力。通过疲劳试验台架上的物理样件的进一步疲劳试验结果证明，该补强方案满足了设计寿命要求。

表 13-1 焊根开裂处累计疲劳损伤计算结果对比

位置	第 1 级加载	第 2 级加载	第 3 级加载	累积损伤
原结构焊根	3.11×10^{-1}	1.84×10^{-1}	2.98×10^{-1}	0.79
补强结构焊根	7.64×10^{-2}	4.51×10^{-2}	7.32×10^{-2}	0.19

13.3.3 结论

过大的装配间隙对角焊缝焊根的疲劳开裂影响很大，但是究竟有多大影响，传统的评估方法将很难判断，用结构应力法可以通过计算结构应力而给出很好的判断。基于结构应力法的疲劳寿命计算结果也是概率意义上的统计结果，因此其准确性是一个相对的概念，但是通过结构应力的计算结果的相对比较来选择一个更好的焊接结构则是科学的，在这点上本实例给出了充分的证明。

13.4 焊缝疲劳开裂识别实例

某轨道货车焊接结构在服役过程中，地板、横梁上盖板和侧墙间的一条纵向焊缝上产生了疲劳裂纹[7]，图 13-27a 给出了地板、横梁上盖板和侧墙的连接关系，图 13-27b 给出了该焊缝疲劳开裂的照片及局部结构。

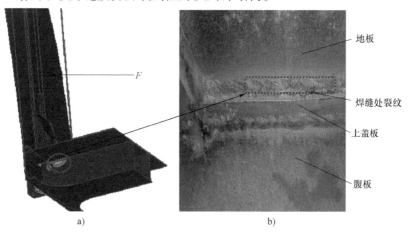

a)   b)

图 13-27 焊缝受力状态及焊缝裂纹照片

为了找出该焊缝疲劳开裂的原因，对该焊缝附近区域进行了动应力实测，由于开始时应变片布置在焊缝的焊趾附近，实测的应力水平不是很高，并且还发现空车的动应力水平高于满载重车的动应力水平。对数据进行了频谱分析，分析后发现该处有局部共振现象发生。为慎重起见，对导致该焊缝产生弯曲应力的侧墙结构进行了模态测试，模态实测数据证实了空载时侧墙局部振动较明显，即当侧墙离开平衡位置产生较大的横向位移时，导致了对底部该焊缝处显著的弯曲效应。

基于上述初步分析，决定建立含焊缝的有限元模型，模型中用三维实体单元对该处焊缝进行了网格离散。计算载荷来自于对实测应力的反求，计算结果表明该焊缝中部主应力较大，且主应力方向垂直于焊缝方向，如图 13-28 所示，这表明该焊缝受弯曲应力控制。这一结论与模态分析给出的结论一致。

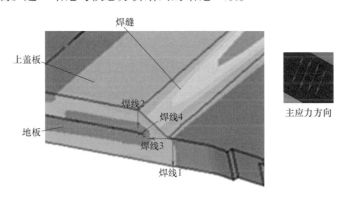

图 13-28　焊根、焊缝、焊趾处焊线的定义

13. 4. 1　结构应力的计算

为了进一步分析该处焊缝疲劳开裂的深层次原因，在计算模型中定义了四条焊线：焊线 4 为考察焊缝上的应力集中，焊线 3 和焊线 2 为考察焊根上的应力集中，焊线 1 为考察焊趾上的应力集中，图 13-28 给出了该焊缝上四条焊线的定义。

通过提取焊根、焊缝、焊趾上的节点力，计算了各节点的结构应力分布，其结构应力分布如图 13-29所示。

图 13-29 中的数据表明，焊线 4 的中部结构应力最大，其值

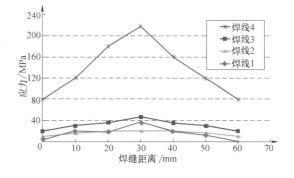

图 13-29　焊根、焊缝、焊趾处的结构应力分布

高达 208MPa，而与焊根、焊趾对应的结构应力明显小于焊缝中部的应力值，这些数据证明了最可能发生疲劳裂纹的位置应该是焊缝中部区域，这一判断与实际发生疲劳裂纹的位置吻合。

13.4.2 动应力的测试

针对这一情况，再次进行了测点布置以通过实测考察该焊缝区域的应力水平，测点布置在焊缝焊趾附近及焊缝表面上。图 13-30 给出了测点位置，其中 A1 至 A5 测点在焊缝表面中部，并沿焊缝方向均匀分布，A6、A7 和 A8 分别位于焊缝焊趾处，A9 则位于横梁上盖板焊趾处。

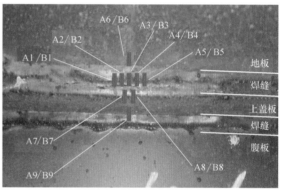

图 13-30　测点位置示意图

表 13-2 列出了各测点最大动应力，其中 A5 点（焊缝中部）应力测试结果为 187.4MPa，其他点的应力水平则相对较低，计算结果与测试结果基本吻合。通过局部改进结构进行了再设计，计算结果表明焊缝处的应力水平得到了明显降低，该焊缝开裂问题也得到了根本性的解决。

表 13-2　各测点最大动应力

测点	位　　置	最大动应力/MPa
A1	上盖板与地板焊缝(焊缝中部)	23.0
A2	上盖板与地板焊缝(焊缝中部)	35.3
A3	上盖板与地板焊缝(焊缝中部)	50.3
A4	上盖板与地板焊缝(焊缝中部)	132.2
A5	上盖板与地板焊缝(焊缝中部)	187.4
A6	上盖板与地板焊缝(地板焊趾处)	8.3
A7	上盖板与地板焊缝(上盖板焊趾处)	19.6
A8	上盖板与地板焊缝(上盖板焊趾处)	损坏
A9	腹板与上盖板焊缝	37.0

13.4.3　结论

通过结构应力计算结果与动应力测试结果的对比，得到了较好的一致性，并据此修改了设计方案，使问题得到了解决。这个案例证明了结构应力法不但可以用来计算焊趾、焊根上的应力集中，也可以计算焊缝表面上的应力集中，而这一特点也是传统的疲劳评估方法很难具有的，另外也提醒设计师在进行焊缝细节评估时，对焊缝表面处的应力集中也要引起高度重视。

13.5　本章小结

作为本书的最后一章，集中给出了4个有代表性的工程实例，这些实例证明了结构应力法具有坚实的理论基础，在工程应用中具有明显的优势。

（1）识别应力集中　焊接结构抗疲劳设计过程中，有效识别出重要焊缝上可能出现应力集中的具体位置及其大小，这是判断结构设计中是否隐藏疲劳隐患的一个重要条件，而只有识别了应力集中，缓解应力集中的设计才能具体执行。而本章实例再次证明了不管是焊趾、焊根，还是焊缝表面上的应力集中，结构应力法都有能力识别。

（2）有限元网格不敏感　一方面是工程上的焊接结构尺寸很大，一方面是结构上每一条焊缝的尺寸很小，因此用有限元法计算应力时，结构应力法网格不敏感的力学属性虽然放松了对计算模型规模的严格要求，但是却具有结构应力计算结果的一致性。与其他过度依赖精细网格的计算方法相比，结构应力法计算过程的实用性优势突出。

（3）支持设计方案对比中选优　如果设计人员能够充分发挥结构应力法的上述优势，那么在对比中选择较优的设计方案将是高质量、低成本的。

参 考 文 献

[1] HIROKO KYUB, DONG P S. Equilibrium-equivalent structural stress approach to fatigue analysis of a rectangular hollow section joint [J], International Journal of Fatigue, 2005 (27): 85-94.
[2] 兆文忠，梁树林. 某客车转向架焊接吊架疲劳隐患研究报告 [R]. 大连：大连交通大学，2012.
[3] 李强，王文静，等. 北京交通大学线路动应力测试报告 [R]. 北京：北京交通大学. 2011.
[4] Passenger rolling stock trailer bogies-running gear bogie frame structure strength tests: UIC 515-4: 1993 [S]. Paris: International Union of Railways, 1993.
[5] 李强，王文静. 某客车转向架焊接吊架疲劳试验研究报告 [R]. 北京：中车集团，2011.
[6] 聂春戈，兆文忠. 209P 焊接构架焊缝疲劳开裂研究报告 [R]. 大连：大连交通大学，2009.
[7] 李向伟，王文. 某货车焊缝疲劳开裂研究报告 [R]. 齐齐哈尔：中车集团，2015.